高职高专电子信息类"十一五"规划教材

可编程控制器原理及应用

主 编 杨青峰 付 骞

副主编 孙 志 李 杰

参 编 聂 兵 赵云伟 裴 娟

西安电子科技大学出版社

2010

内 容 简 介

本书以三菱 FX2N 系列 PLC 为例,依据"项目式教学模式",介绍可编程控制器的基本工作原理、基本指令,并在此基础上,以实际应用为例,着重介绍 PLC 的编程应用技术。

本书主要分为 9 大知识模块,具体包括电动机正反转控制、交通信号灯控制、天塔之光、机械手控制、可编程控制器与人机界面、PLC 在 Z3040 摇臂钻床控制中的应用、PLC 在恒压供水系统中的应用、PLC 与计算机的通信和 PLC 控制系统设计等内容。

本书叙述通俗易懂,所选实例涉及面广、具有代表性,是通过实践学习可编程控制器应用开发的好帮手。

本书可作为高职高专院校电子信息类专业的教材,还可作为开发及应用 PLC 的工程技术人员的参考书。

★本书配有电子教案,需要者可登录出版社网站,免费下载。

图书在版编目(CIP)数据

可编程控制器原理及应用 / 杨青峰,付骞主编.
—西安:西安电子科技大学出版社,2010.3
高职高专电子信息类"十一五"规划教材
ISBN 978 - 7 - 5606 - 2403 - 7

Ⅰ.可… Ⅱ.① 杨… ② 付… Ⅲ. 可编程控制器—高等学校:技术学校—教材 Ⅳ. TM571.6

中国版本图书馆 CIP 数据核字(2010)第 019257 号

策　　划　曹　昳
责任编辑　王　瑛
出版发行　西安电子科技大学出版社(西安市太白南路 2 号)
电　　话　(029)88242885　88201467　　邮　编　710071
网　　址　www.xduph.com　　　　电子邮箱　xdupfxb001@163.com
经　　销　新华书店
印刷单位　陕西天意印务有限责任公司
版　　次　2010 年 3 月第 1 版　　2010 年 3 月第 1 次印刷
开　　本　787 毫米×1092 毫米　1/16　印　张　14.5
字　　数　338 千字
印　　数　1～3000 册
定　　价　21.00 元
ISBN 978 - 7 - 5606 - 2403 - 7/TM · 0064

XDUP 2695001-1

＊＊＊ 如有印装问题可调换 ＊＊＊

本社图书封面为激光防伪覆膜,谨防盗版。

前　言

　　可编程控制器(PLC)是以微处理器为核心，将微型计算机技术、自动化技术及通信技术融为一体的新型高可靠性的工业自动化控制装置。可编程控制器控制技术作为电气控制领域的新技术，经过 30 多年的发展，在功能和技术指标以及软/硬件等各方面都已经成熟。它具有控制能力强、可靠性高、配置灵活、编程简单、使用方便、易于扩展等优点，被广泛应用于各行各业生产自动控制中。可编程控制器正在迅速地改变着工厂自动控制的面貌和进程。

　　可编程控制器品种繁多，但它们的指令结构及编程规则却极为相似。本书以日本三菱公司 FX2N 系列微型整体式 PLC 为主要参考机型，对其常用指令和基本应用进行了介绍。本书在编写时力求由浅入深，从最为简单的电气控制系统开始，以大量实际应用的实例介绍了 PLC 在工程中的实用技术。通过本书的学习，读者能够初步掌握 PLC 的有关控制理论与应用技能。如需进一步学习，读者可以从 PLC 厂商的相关网站或通过查阅各种手册，了解和学习 PLC 较为复杂的指令及应用。

　　PLC 是一门实践性极强的课程，尽管它与继电器控制系统有很多相似之处，但其输入/输出配线等运用细节仍然是应该引起初学者足够重视的。本书在编排内容时，在大部分模块的"教学内容"之后安排有"课堂演示"及"技能训练"等实践环节，读者可通过实训过程来学习和掌握 PLC 的基本应用。

　　全书共由 9 个知识模块构成，建议教授本教材的学时数为 85 学时，其具体教学时数的分配可参考下表，教学过程中可以根据具体情况选取相应的教学内容。

序　号	理论教学/学时	课堂演示/学时	技能训练/学时	各模块教学总学时数
知识模块一	6	2	2	10
知识模块二	10	2	2	14
知识模块三	6	2	2	10
知识模块四	8	0	2	10
知识模块五	5	1	2	8
知识模块六	4	0	2	6
知识模块七	6	2	3	11
知识模块八	5	1	2	8
知识模块九	6	0	2	8

　　本书由杨青峰、付骞任主编，孙志、李杰任副主编。知识模块一至三由李杰编写，知

识模块四由付骞编写，知识模块五和知识模块七由杨青峰和聂兵编写，知识模块六由孙志编写，知识模块八由赵云伟编写，知识模块九由裴娟编写。全书由杨青峰、付骞统稿。本书在编写过程中得到了李文森、魏召刚、钱卫军、牟爱霞、刘卓鸿、王英勇、苏挺等同志的大力协助，他们对本书提出了许多宝贵意见和建议，在此表示诚挚的感谢。

　　由于编者水平有限，加之时间仓促，书中难免存在不妥之处，敬请广大读者批评指正。

作　者

2009 年 12 月

目　录

知识模块一　电动机正反转控制 1

1.1　教学组织 1

1.2　教学内容 2

　　1.2.1　PLC 概述 2

　　1.2.2　PLC 的编程语言 7

　　1.2.3　梯形图编程规则 10

　　1.2.4　触点及线圈类指令 11

　　1.2.5　PLC 的接线 18

1.3　课堂演示——电动机正反转控制实例 22

1.4　技能训练 26

　　边学边议 28

知识模块二　交通信号灯控制 29

2.1　教学组织 29

2.2　教学内容 29

　　2.2.1　PLC 的硬件结构组成 29

　　2.2.2　PLC 控制系统组成 37

　　2.2.3　PLC 的输入/输出设备及外围装置 41

　　2.2.4　PLC 的编程元件 49

　　2.2.5　PLC 循环扫描工作原理 54

　　2.2.6　PLC 的等效电路和性能指标 57

　　2.2.7　定时器与计数器指令 60

　　2.2.8　常用定时控制程序 64

2.3　课堂演示——交通信号灯控制实例 66

2.4　技能训练 70

　　边学边议 76

知识模块三　天塔之光 78

3.1　教学组织 78

3.2　教学内容 78

　　3.2.1　梯形图编程方法 78

　　3.2.2　梯形图中线圈输出的使用问题 80

　　3.2.3　移位/区间复位指令 81

　　3.2.4　栈操作指令 86

3.3　课堂演示——天塔之光控制实例 88

3.4　技能训练 90

　　边学边议 96

知识模块四 机械手控制 97

4.1 教学组织 97

4.2 教学内容 97

4.2.1 顺序控制设计方法 97

4.2.2 机械手的控制 99

4.3 技能训练 104

边学边议 105

知识模块五 可编程控制器与人机界面 107

5.1 教学组织 107

5.2 教学内容 107

5.2.1 PLC 与组态软件的连接 107

5.2.2 软件安装与工程下载 110

5.3 课堂演示——MCGS 嵌入版组态 114

5.4 技能训练 124

边学边议 124

知识模块六 PLC 在 Z3040 摇臂钻床控制中的应用 125

6.1 教学组织 125

6.2 教学内容 125

6.2.1 Z3040 摇臂钻床电器设备的分布 126

6.2.2 Z3040 摇臂钻床继电器原理图解读 128

6.2.3 Z3040 摇臂钻床的 PLC 控制方案 129

6.3 技能训练 131

边学边议 132

知识模块七 PLC 在恒压供水系统中的应用 133

7.1 教学组织 133

7.2 教学内容 133

7.2.1 恒压供水系统的基本构成 133

7.2.2 变频器的基本工作原理及其控制 135

7.2.3 PLC 模拟量扩展模块的配置及应用 139

7.2.4 PID 调节及 PID 指令 142

7.3 课堂演示——PLC 控制的恒压供水泵站实例 144

7.4 技能训练 153

边学边议 153

知识模块八 PLC 与计算机的通信 154

8.1 教学组织 154

8.2 教学内容 154

8.2.1 计算机通信的基础知识 155

8.2.2 PLC 与 PLC 通信的基础知识 161

8.2.3 FX2N 系列 PLC 与 PC 的通信 164

8.2.4 FX2N 系列 PLC 与 PLC 的通信 170

8.3 课堂演示——两台 FX2N 系列 PLC 的并行通信 176
8.4 技能训练 177
边学边议 182

知识模块九 PLC 控制系统设计 183
9.1 教学组织 183
9.2 教学内容 183
9.2.1 PLC 在两种液体混合装置控制系统中的应用 183
9.2.2 PLC 控制系统设计的一般步骤 187
9.2.3 PLC 的选型原则和方法 189
9.2.4 PLC 应用程序的基本设计方法 192
9.2.5 节省 PLC I/O 点数的方法 194
9.2.6 PLC 控制系统的抗干扰措施 197
9.3 技能训练 204
边学边议 205

附录 A FX2N 系列可编程控制器应用指令总表 206
附录 B FX2N 功能技术指标 220
参考文献 222

知识模块一　电动机正反转控制

　　生产机械对电动机的运行要求包括启动、正反转、调速和制动等。为了实现这些要求，需要用各种电气元件组成电力拖动控制系统。对电机的控制可采用由继电器、接触器和按钮等组成的继电器—接触器控制系统，也可采用 PLC 实现控制。继电器—接触器控制系统具有结构简单、价格低廉等优点，但是由于继电器—接触器控制系统是硬接线控制，当控制系统比较复杂时，所用电气元件和导线数量就会随之增多，不太适合现代化大规模生产的要求，因此很多领域现都采用 PLC 控制系统。

　　电动机正反转控制是一个最基本的控制环节。如机床工作台的前进和后退、主轴的正转与反转、起重机的提升与下降等的控制，实际上都是要求运动部件向正反两个方向运动的控制。本知识模块的重点是通过对 PLC 的基本编程语言和基本逻辑指令的讲解，以电动机正反转为例，说明如何使用 PLC 实现电动机正反转的自动控制。

1.1　教　学　组　织

一、教学目的

(1) 了解可编程控制器的产生、分类及特点。

(2) 掌握可编程控制器的梯形图编程语言及梯形图编程规则。

(3) 熟悉可编程控制器的基本逻辑指令。

(4) 掌握 PLC 输入/输出端子的接线。

(5) 理解 PLC 控制系统。

二、教学节奏与方式

	项　目	时间安排	教　学　方　式
1	教师讲授	6 学时	重点讲授 PLC 的基本逻辑指令以及 PLC 常用的梯形图程序设计
2	课堂演示	2 学时	电动机正反转控制
3	技能训练	2 学时	PLC 输入/输出端子的接线

1.2 教 学 内 容

1.2.1 PLC 概述

一、PLC 的产生与定义

继电器控制系统是将接触器、继电器、定时器等各种电器元件及其触头通过导线连接起来，形成一定的逻辑关系，从而达到相应的控制目的。继电器控制系统产生于 20 世纪 20 年代，因其结构简单、价格便宜、便于掌握，在一定范围内能满足控制要求，所以它在工业控制中一直占有主导地位。这种控制系统是由实际的物理器件组成，靠硬接线逻辑构成的系统，因此存在设备体积大、接线复杂、动作速度慢、功能少而固定、可靠性差、难于实现较复杂的控制功能等缺点。当生产工艺改变时，继电器控制系统原有的接线和控制面板就要更换，缺乏通用性和灵活性。

20 世纪 60 年代末期，美国汽车制造业竞争激烈，要求生产线能随生产要求或市场要求的变化作出相应的改变，这往往要求整个控制系统也应重新设计配置。为了能够适应新的生产工艺的要求，寻求一种比继电器更可靠、功能更齐全、响应速度更快的新型工业控制器势在必行。1968 年，美国最大的汽车制造商通用汽车公司(GM 公司)对继电器控制系统公开招标，并从用户角度提出了新一代控制器应具备的十大条件，引起了开发热潮。这十大条件是：

(1) 编程方便，可现场修改程序；

(2) 维修方便，采用插件式结构；

(3) 可靠性高于继电器控制系统；

(4) 体积小于继电器控制柜；

(5) 数据可直接送入管理计算机；

(6) 成本可与继电器控制柜竞争；

(7) 输入可为市电；

(8) 输出可为市电，容量要求在 2 A 以上，可直接驱动接触器等；

(9) 扩展时原系统改变最少；

(10) 用户存储器大于 2 KB。

这十项指标归纳起来，就是现在 PLC 的最基本的功能。其核心要求体现为四点：

(1) 用计算机代替继电器控制柜；

(2) 用程序代替硬接线；

(3) 输入/输出电平可与外部装置直接相连；

(4) 结构易于扩展。

1969 年，美国数字设备公司(DEC 公司)为 GM 公司研制出了世界上第一台可编程逻辑控制器(Programmable Logic Controller, PLC)，并在其汽车自动装配线上试用成功。

20 世纪 70 年代，随着电子及计算机技术的发展，出现了微处理器和微计算机，并被应用于 PLC 中，使其具备了逻辑控制，运算，数据分析、处理以及传输等功能。美国电气制造商协会 NEMA(National Electrical Manufacturers Association)于 1980 年正式命名这种新型的工业控制装置为可编程控制器(Programmable Controller)，简称 PC。为了与个人计算机(Personal Computer)相区别，常把可编程控制器仍简称为 PLC。

可编程控制器一直在发展中，直到现在，还未能对其下最后定义。国际电工委员会(IEC)于 1987 年 2 月颁布了可编程控制器的标准草案第三稿。该草案中对可编程控制器的定义是："可编程控制器是一种数字运算操作的电子系统，专为在工业环境下应用而设计。它采用了可编程的存储器，用来在其内部存储执行逻辑运算、顺序控制、定时、计数和算术运算等操作的指令，并通过数字式和模拟式的输入与输出，控制各种类型机械的生产过程。可编程控制器及其有关外围设备，都按易于与工业系统联成一个整体、易于扩充其功能的原则设计。"

现今 PLC 开始向小型化、高速度、高性能、高可靠性等方面发展，并形成了多种系列产品，编程语言也不断丰富，使其在现今的工业控制领域中占据着主导地位。

总之，可编程控制器是以微处理器为基础，将计算机技术与自动控制技术融为一体的工业控制产品，是在硬接线逻辑控制技术和计算机技术的基础上发展起来的。PLC 实际上是一种工业控制计算机，目前已被广泛应用于工业控制领域。

二、PLC 的分类及应用

1. PLC 的分类

可编程控制器具有多种分类方式，了解这些分类方式有助于对 PLC 进行选型及应用。

1) 根据 I/O 点数分类

PLC 的 I/O 点数就是指 PLC 的输入(I)、输出(O)点数。I/O 点数表明了 PLC 可从外部接收多少个输入信号和向外部发出多少个输出信号，实际上也就是 PLC 的输入、输出端子数。根据 I/O 点数的多少可将 PLC 分为微型机、小型机、中型机、大型机和巨型机。一般来说，控制系统越复杂，要求 PLC 的 I/O 点数也就越多，控制功能也相应越强。

(1) 微型机：I/O 点数总数在 64 点以下，内存容量为 256 B～1 KB。微型机的结构为整体式，主要用于小规模的开关量控制。

(2) 小型机：I/O 点数总数在 65～128 点之间，内存容量为 1～3.6 KB。小型机一般只具有逻辑运算、定时、计数和位移等功能，适用于中小型规模开关量的控制，可用它实现条件控制、顺序控制等。有些小型机也增加了一些算术运算和模拟量处理等功能，能适应更广泛的需要。目前的小型机一般也具有数据通信等功能。

微型机和小型机的特点是价格低，体积小，适用于控制自动化单机设备，开发机电一体化产品。

(3) 中型机：I/O 点数总数在 129～512 点之间，内存容量为 3.6～13 KB。中型机不仅具备逻辑运算功能，还增加了模拟量输入/输出、算术运算、数据传送和数据通信等功能，可完成既有开关量又有模拟量的复杂控制。中型机的软件比小型机丰富，在已固化的程序中，一般还有 PID 调节、整数/浮点运算等功能模块。

中型机的特点是功能强，配置灵活，适用于小规模的综合控制系统。

(4) 大型机：I/O 点数总数在 513～896 点之间，内存容量为 13 KB。大型机的功能更加完善，具有数据运算、模拟调节、联网通信、监视记录和打印等功能。监控系统采用 CRT 显示，能够显示生产过程的工艺流程、各种曲线、PID 调节参数选择图等，能进行中断控制、智能控制、远程控制等。

大型机适用于温度、压力、流量、速度、角度、位置等模拟量控制和大量开关量控制的复杂系统以及连续生产过程的控制场合。

(5) 巨型机：I/O 点数总数大于 896 点，内存容量大于 13 KB。

巨型机的特点是 I/O 点数特别多，控制规模宏大，组网能力强，可用于大规模控制系统。上述划分方式并不十分严格，也不是一成不变的。

2) 根据结构形式分类

从结构上看，PLC 可分为整体式、模块式和分散式 3 种形式。

(1) 整体式。一般的微型机和小型机多为整体式结构，其电源、CPU、I/O 部件都集中配置在一个箱体中，有的甚至全部装在一块印制电路板上。整体式的 PLC 结构紧凑、体积小、重量轻、价格低，容易装配在工业控制设备的内部，比较适合于生产机械的单机控制。它的缺点是主机的 I/O 点数固定，使用不够灵活，维修也较麻烦。整体式结构的 PLC 如图 1-1 和图 1-2 所示。

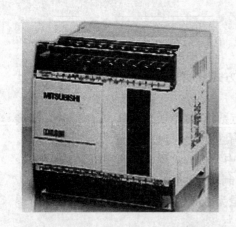 

图 1-1　三菱 PLC FX1N 系列　　　　　　　　图 1-2　三菱 PLC FX2N 系列

FX 系列 PLC 的外形如图 1-3 所示。图中，1—安装孔 4 个；2—电源、辅助电源、输入信号用的可装卸式端子；3—输入指示灯；4—输出动作指示灯；5—输出用的可装卸式端子；6—外围设备接线插座、盖板；7—面板盖；8—DIN 导轨装卸用卡子；9—I/O 端子标记；10—动作指示灯(POWER 为电源指示灯，RUN 为运行指示灯，BATTV 为电池电压下降指示灯，PROG E 指示灯闪烁时表示程序出错，CPU E 指示灯亮时表示 CPU 出错)；11—扩展单元、扩展模块、特殊单元、特殊模块的接线插座盖板；12—锂电池；13—锂电池连接插座；14—另选存储器滤波器安装插座；15—功能扩展安装插座；16—内置 RUN/STOP 开关；17—编程设备、数据存储单元的接线插座。

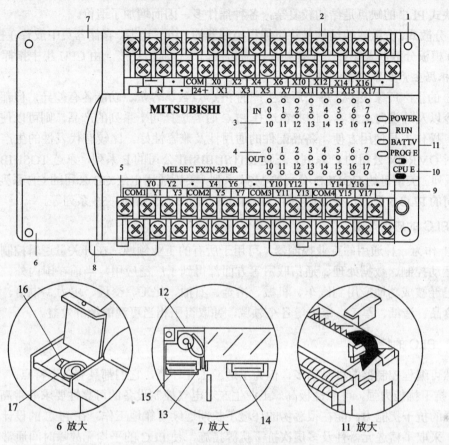

图 1-3 FX 系列 PLC 的外形图

(2) 模块式。模块式(又称积木式)结构的 PLC 各部分以单独的模块分开设置,如电源模块、CPU 模块、输入模块、输出模块及其他智能模块等。模块式结构的 PLC 用搭积木的方式组成系统,由框架和模块组成。这种结构的 PLC 配置灵活、装备方便、维修简单、易于扩展,可根据控制要求灵活配置所需模块,构成功能不同的各种控制系统。一般中型机、大型机和巨型机 PLC 均采用这种结构。模块式 PLC 的结构外形如图 1-4 所示。

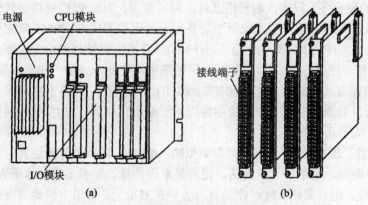

图 1-4 模块式 PLC 的结构外形
(a) 模块插入机箱的情形; (b) 模块插板

模块式 PLC 的缺点是结构较复杂，各种插件多，因而增加了造价。

(3) 分散式。分散式的结构是将可编程控制器的 CPU、电源、存储器集中放置在控制室，而将 I/O 模板分散放置在各个工作站，由通信接口进行通信连接，由 CPU 集中指挥。

3) 根据生产厂家分类

PLC 的生产厂家很多，每个厂家生产的 PLC 点数、容量、功能各有差异，但都各成系统，指令以及外设向上兼容，因此在选择 PLC 时若选择同一系列的产品，则可以使系统构成容易，操作人员使用方便，备品配件的通用性及兼容性好。比较有代表性的生产厂家有日本立时 OMRON 公司的 C 系列，三菱 MITSUBISHI 公司的 F 系列，东芝 TOSHIBA 公司的 EX 系列，美国哥德 GOULD 公司的 M84 系列，美国通用电气 GE 公司的 GE 系列，美国 A-B 公司的 PLC-5 系列，德国西门子 SIEMENS 公司的 S5 系列、S7 系列等。

2. PLC 的应用范围

PLC 作为一种通用的工业控制器，可用于所有的工业领域，在开关量逻辑控制、过程控制、运动控制、数据处理、通信联网等方面都得到了广泛应用。当前在国内外，可编程控制器已经被成功地应用到汽车、机械、冶金、石油、化工、交通、电力、电信、采矿、建材、食品、造纸、军工、家电等各个领域，并取得了相当可观的经济效益。

三、 PLC 的特点

虽然可编程控制器的种类繁多，但为了适应工业环境，它们都具有以下特点：

(1) 抗干扰能力强，可靠性极高。工业生产对电气控制设备的可靠性要求非常高，它应具有很强的抗干扰能力，能在很恶劣的环境下长期连续可靠地工作。在 PLC 的设计和制造过程中，采取了精选元器件及多层次抗干扰等措施，使 PLC 的平均无故障时间通常在 5 万小时以上，有些 PLC 的平均无故障时间可以达到几十万小时以上，如三菱公司的 F1、F2 系列的平均无故障时间可达到 30 万小时，有些高档机还要高很多，这是其他电气设备根本做不到的。

绝大多数用户都将可靠性作为选取控制装置的首要条件，因此 PLC 在硬件和软件方面均采取了一系列的抗干扰措施，保证了可编程控制器的高可靠性。

(2) 控制程序可变，具有很好的柔性。在生产工艺流程改变或生产线设备更新的情况下，不必改变 PLC 的硬设备，只需改编程序就可以满足要求。因此 PLC 可以取代传统的继电器控制系统，而且具有继电器控制系统所不具备和无可比拟的优点。PLC 除应用于单机控制外，在柔性制造单元(FMC)、柔性制造系统(FMS)以及工厂自动化(FA)中也被大量采用。

(3) 编程简单，使用方便。大多数 PLC 采用继电器控制形式的"梯形图编程方式"。这种面向生产的编程方式，既继承了传统控制线路的清晰直观，又易于被工矿企业电气技术人员所接受。与目前微机控制生产对象中常用的汇编语言相比，PLC 的面向生产的编程方式更容易被操作人员所掌握。

(4) 功能完善。现在 PLC 具有数字和模拟输入/输出、逻辑和算术运算、定时、计数、顺序控制、功率驱动、通信、人机对话、记录显示等功能，使设备控制水平大大提高。

(5) 扩充方便，组合灵活。PLC 产品具有各种扩展单元，可以方便地适应不同工业控制需要的不同输入/输出点数及不同输入/输出方式的系统。

(6) 减少了控制系统设计及施工的工作量。继电器控制系统采用硬接线来达到控制功能，而 PLC 则采用软件编程来达到控制功能，减少了设计及施工工作量。同时，PLC 又能事先模拟调试，从而减少了现场的工作量。PLC 的监视功能很强，模块功能化大大减少了维修量。

(7) 体积小、重量轻，是"机电一体化"特有的产品。PLC 是为工业控制而设计的专用计算机，其结构紧密、坚固、体积小巧，具备很强的抗干扰能力，易于装入机械设备内部，是实现"机电一体化"较理想的控制设备。

总之，PLC 系统的基本特点是可靠性高，编程及使用方便，通用性强，性能价格比高，易维护。

1.2.2　PLC 的编程语言

PLC 应用程序中，所用到的 PLC 内部的各种存储器俗称为"软继电器"，或称编程"软元件"。PLC 中设有大量的编程"软元件"，这些"软元件"依照其编程功能分为输入继电器、输出继电器、定时器、计数器等。由于"软继电器"实质为存储单元，取用它们的常开、常闭触点实质上是读取存储单元的状态，因此可认为一个继电器带有无数多个常开、常闭触点。这种软继电器与继电器控制系统中的继电器有本质的区别。在继电器控制系统中，继电器、接触器都是实实在在的物理器件。

PLC 为用户提供了完整的编程语言，以适应编制用户程序的需要。PLC 提供的编程语言通常有三种：梯形图、指令语句表和状态流程图。

下面以 FX2N 系列 PLC 为例来介绍这三种编程语言。

1. 梯形图

梯形图编程语言是在继电器控制系统原理图的基础上演变而来的。这种编程语言继承了传统的继电器控制系统中使用的框架结构、逻辑运算方式和输入/输出形式，使得程序直观易读，具有形象、实用的特点，因此应用最为广泛。

梯形图是 PLC 的一种图形化的编程语言。在梯形图中，最基本的图形符号有三种，即线圈、常开触点、常闭触点。常开触点、常闭触点的串联或并联可表示一定的逻辑运算关系，而逻辑运算的结果可用线圈表示出来。触点的串联表示逻辑"与"运算，触点的并联表示逻辑"或"运算。梯形图中的线圈和触点都是 PLC 中的软元件，如输入/输出继电器、定时器、计数器等编程元件。图 1-5 所示为典型的梯形图示意图，图中左右两条垂直的线称为母线，在左右两母线之间是触点的逻辑连线和线圈的输出，右边的母线也可以省略不画。

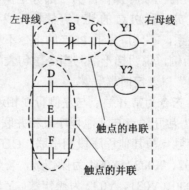

图 1-5　典型的梯形图

在梯形图程序中，程序表达的指令顺序是图左方、上方的梯形图指令先执行，而右方、下方的梯形图指令后执行。即 PLC 读梯形图程序时，其顺序是水平方向从左向右，垂直方向从上到下。

由于 PLC 是在继电器控制系统的基础上发展而来的，因此有一些术语仍然沿用了继电器控制系统的说法。PLC 本质上是一种工业控制计算机，它只认识"0"和"1"两个数，这两个数也正好和继电器线圈的失电与得电、触点的断开与闭合相对应，故习惯上将软元件仍然称为继电器。而且"0"和"1"也能够与开关的"ON"和"OFF"两种工作状态相对应，在分析梯形图程序时，为了能够与硬继电器区别，通常会把软继电器的线圈得电/失电和触点的闭合/断开说成 ON/OFF。继电器控制电路与 PLC 控制的梯形图的比较如图 1-6 所示。

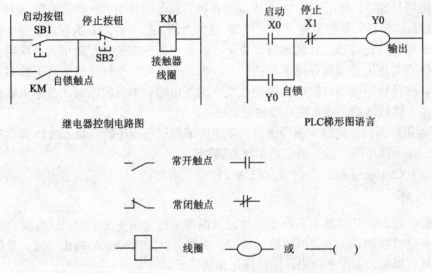

图 1-6 继电器控制电路与 PLC 控制的梯形图的比较

2. 指令语句表

指令语句表编程语言是一种类似于计算机汇编语言的助记符语言，通常也称为助记符程序。它是可编程控制器最基础的编程语言。指令语句表编程就是用一系列的指令语句表达程序的控制要求。一条典型指令可由两部分组成：一是助记符，助记符通常是几个容易记忆的字符，说明 PLC 需要进行的某种操作；另一部分是操作数或操作数的地址，操作数就是该指令所要操作的对象，实质为 PLC 的某个存储单元或存储单元的地址。指令语句表程序与梯形图有一定的对应关系，不同厂家的 PLC 的指令不尽相同。

下面以 FX2N 系列 PLC 为例，说明梯形图与指令语句表的关系。FX2N 系列 PLC 的基本指令包括"与"、"或"、"非"以及定时器等。

如图 1-7 所示，其中：LD 指令为常开触点与左侧母线相连接；AND 指令为常开触点与其他程序段相串接；OR 指令为常开触点与其他程序段相并联；LDI 指令为常闭触点与左侧母线相连接；ANI 指令为常闭触点与其他程序段相串联；OUT 指令为将运算结果输出到某个继电器；X000、X001、X002、X003、X004 为操作数，X 表示输入继电器，后面的数字为编号，即继电器的地址；Y030、Y031、Y032 为操作数，Y 表示输出继电器，后面的数字为编号；M100 中的 M 为内部标志位，也称位存储区，类似于继电器控制系统中的中间继电器。

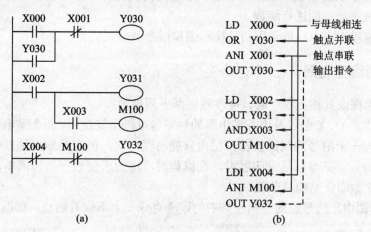

图 1-7　指令语句表编程举例

(a) 梯形图；(b) 指令语句程序

3. 状态流程图

状态流程图编程是一种较新的编程方法，它是用"功能图"来表达一个顺序控制过程，也是一种图形化的编程方法。图中整个控制过程中的每个"状态"用方框表示，状态也称为"功能"或"步"，方框间的关系及方框间状态转换的条件用线段表示。

图 1-8 为钻孔顺序的状态流程图，方框中的数字代表顺序步，每一步对应一个控制任务，每个顺序步执行的功能和条件写在方框右边。

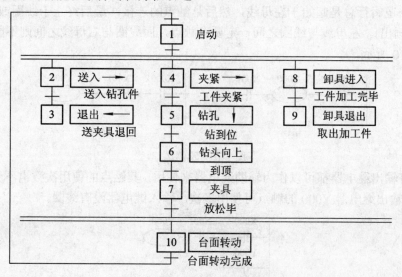

图 1-8　钻孔顺序的状态流程图

状态流程图作为一种步进顺控语言，为顺序控制类编程提供了很大的方便。用这种语言可以对一个控制过程进行分解。用多个相对独立的程序段来代替一个长的梯形图程序，还能使用户看到在某个给定时间机器处于什么状态。现在多数 PLC 产品都有专为使用功能图编程所设计的指令，使用起来十分方便。对中小型 PLC 进行程序设计时，如果采用功能图法，则先根据控制要求设计状态流程图，然后将其转化为梯形图程序。有些大型或中型 PLC 可直接用状态流程图进行编程。

上述几种编程语言中，最常用的是梯形图和指令语句表。

1.2.3　梯形图编程规则

在编制梯形图或其相应程序时，应注意遵循下列规则：

(1) I/O 触点和 C、T 触点及内部继电器的触点等可以重复使用。每个继电器的线圈只能用一个编号，同一个编号的线圈在梯形图内只能出现一次，但它的触点可以使用无数次，既可以是常开触点，又可以是常闭触点。在编程时，应力求使程序结构简单，不必为了减少触点的使用次数而让结构复杂化。

(2) 在梯形图中，信号流向是从左到右的，垂直分支上不应有触点，如图 1-9 所示。

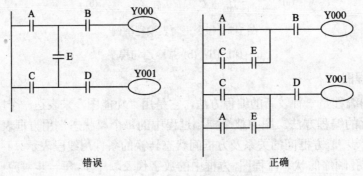

图 1-9　示例 1

(3) 每一逻辑行总是起始于左母线，然后是触点的连接，最后终止于线圈或右母线(右母线可以不画出)。左母线与线圈之间一定要有触点，而线圈与右母线之间则不能有任何触点，如图 1-10 所示。

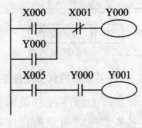

图 1-10　示例 2

(4) 所有输出继电器都可以作为辅助继电器来使用，其触点的使用次数也不受限制。例如图 1-11 中输出继电器 Y000 的触点可使用多次。输入继电器没有线圈。

图 1-11　示例 3

(5) 梯形图中使用的触点和线圈编号应符合 PLC 编程元件的编号表示方法。

(6) 梯形图中的触点可以任意串联或并联，但继电器线圈只能并联而不能串联。两个或两个以上的线圈可以并联，如图 1-12 所示。

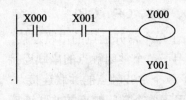

图 1-12　示例 4

(7) 程序的地址号应连续，中间不能有空地址，否则执行时，会误认为程序结束。必要时可以在空地址处插入 NOP(空操作)指令。

(8) 程序的执行是从第一个地址开始到 END 指令结束，在调试程序时，可以利用这个特点将程序分为若干段，每段末尾插入一条 END 指令，这样就可以逐段调试程序。第一段调试好后删去此段的 END 指令，再进入第二段程序调试，依次下去，直到全部调试成功。

1.2.4　触点及线圈类指令

1. 逻辑取和线圈驱动指令 LD、LDI、OUT

(1) LD：逻辑取指令，用于常开触点与输入母线的连接，表示逻辑运算的起点。每一个以常开触点开始的逻辑行都要使用这一指令。

(2) LDI：逻辑取反指令，用于常闭触点与输入母线的连接，表示逻辑运算的起点。

(3) OUT：线圈驱动指令，用于输出。

取指令和线圈驱动指令的使用说明如图 1-13 所示。

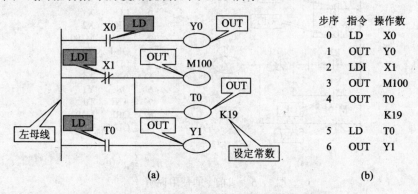

图 1-13　取指令和线圈驱动指令的使用说明

(a) 梯形图；(b) 指令语句表

指令说明：

① LD、LDI 指令用于与输入母线相连的常开、常闭触点，其目标元件是输入继电器 X、输出继电器 Y、辅助继电器 M、状态继电器 S、定时器 T、计数器 C；也用于由触点构成的串、并联的支路的起点，与 ANB、ORB 指令配合使用。

② OUT 指令的目标元件是输出继电器 Y、辅助继电器 M、状态继电器 S、定时器 T、

计数器 C 的线圈的驱动指令，不能用于输入继电器 X。OUT 指令的目标元件为定时器 T、计数器 C 时，必须有常数 K 设置语句。

③ OUT 指令可用于多个并联输出。

2. 基本逻辑运算指令 AND、ANI、OR、ORI

(1) AND：逻辑与指令，用于单个常开触点的串联连接。

(2) ANI：逻辑与非指令，用于单个常闭触点的串联连接。

(3) OR：逻辑或指令，用于单个常开触点的并联连接。

(4) ORI：逻辑或非指令，用于单个常闭触点的并联连接。

基本逻辑运算指令的使用说明如图 1-14 和图 1-15 所示。

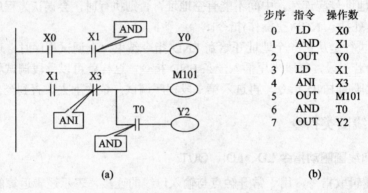

步序	指令	操作数
0	LD	X0
1	AND	X1
2	OUT	Y0
3	LD	X1
4	ANI	X3
5	OUT	M101
6	AND	T0
7	OUT	Y2

(a)　　　　　　　　　　　　　(b)

图 1-14　与指令的使用说明

(a) 梯形图；(b) 指令语句表

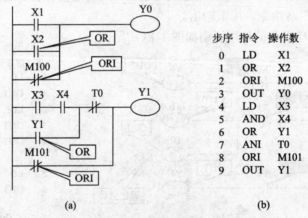

步序	指令	操作数
0	LD	X1
1	OR	X2
2	ORI	M100
3	OUT	Y0
4	LD	X3
5	AND	X4
6	OR	Y1
7	ANI	T0
8	ORI	M101
9	OUT	Y1

(a)　　　　　　　　　　　　　(b)

图 1-15　或指令的使用说明

(a) 梯形图；(b) 指令语句表

指令说明：

① 单个的触点与前面的触点或逻辑块串联连接时用 AND、ANI 指令说明，并且串联触点的个数没有限制，指令可多次重复使用。

② 单个的触点与前面的触点或逻辑块并联连接时用 OR、ORI 指令说明，并且并联触点的个数没有限制，指令可多次重复使用。

③ AND、ANI、OR、ORI 指令的目标元件为 X、Y、M、S、T、C。

3. 块操作指令 ANB、ORB

(1) ANB：逻辑与指令，用于并联支路组之间的串联。

(2) ORB：逻辑或指令，用于串联支路组之间的并联。

块操作指令的使用说明如图 1-16 所示。

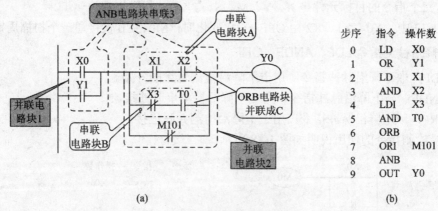

图 1-16　块操作指令的使用说明

(a) 梯形图；(b) 指令语句表

指令说明：

①　ANB、ORB 指令均为无操作数的指令，在指令表中只是用于说明逻辑块之间的串联或并联时所表达的与、或逻辑运算关系。

②　当多个并联支路进行串联时，使用 ANB 指令，支路的起点用 LD、LDI 指令。若多个并联支路串联，则依次用 ANB 指令与前面的支路串联连接时，ANB 的使用次数没有限制。

③　当多个串联支路进行并联时，使用 ORB 指令，支路的起点用 LD、LDI 指令。若多个串联支路并联，则依次用 ORB 指令与前面的支路并联连接时，ORB 的使用次数没有限制。

④　若逻辑块中需要串联或并联的子逻辑块的个数(或 LD 和 LDI 指令的条数)为 n，则应使用 n − 1 条逻辑块串联指令(ANB)或逻辑块并联指令(ORB)将它们串联或并联。

4. 上升沿检测指令 LDP、ANDP、ORP

(1) LDP：取上升沿脉冲指令，用于上升沿检测运算的开始。

(2) ANDP：与上升沿脉冲指令，用于上升沿检测串联连接。

(3) ORP：或上升沿脉冲指令，用于上升沿检测并联连接。

上升沿检测指令的使用说明如图 1-17 所示。

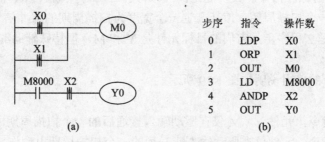

图 1-17　上升沿检测指令的使用说明

(a) 梯形图；(b) 指令语句表

指令说明：

① LDP、ANDP、ORP 指令是进行上升沿检测的触点指令，仅在指定软元件上升沿时(由 OFF 变为 ON 时)接通一个扫描周期。

② 表示方法为触点的中间有一个向上的箭头。

③ 这三个指令的目标元件是 X、Y、M、S、T、C，程序步都是一步。

在图 1-17 中，X0、X1、X2 由 OFF→ON 变化时，M0、Y0 仅接通一个扫描周期。

5. 下降沿检测指令 LDF、ANDF、ORF

(1) LDF：取下降沿脉冲指令，用于下降沿检测运算的开始。

(2) ANDF：与下降沿脉冲指令，用于下降沿检测串联连接。

(3) ORF：或下降沿脉冲指令，用于下降沿检测并联连接。

下降沿检测指令的使用说明如图 1-18 所示。

图 1-18　下降沿检测指令的使用说明

(a) 梯形图；(b) 指令语句表

指令说明：

① LDF、ANDF、ORF 指令是进行下降沿检测的触点指令，仅在指定软元件下降沿时(由 ON 变为 OFF 时)接通一个扫描周期。

② 表示方法为触点的中间有一个向下的箭头。

③ 这三个指令的目标元件是 X、Y、M、S、T、C，程序步都是一步。

在图 1-18 中，X0、X1、X2 由 ON→OFF 变化时，M0、M1 仅接通一个扫描周期。

6. 脉冲微分指令 PLS、PLF

(1) PLS：上升沿脉冲指令。其功能是：当条件符合时，从输入脉冲上升沿开始，其操作元件的线圈得电一个扫描周期，使其产生一个宽度为扫描周期的脉冲信号输出。

(2) PLF：下降沿脉冲指令。其功能是：当条件符合时，从输入脉冲下降沿开始，其操作元件的线圈得电一个扫描周期，使其产生一个宽度为扫描周期的脉冲信号输出。

这两条指令都是 2 程序步，它们的目标元件是 Y 和 M，但特殊辅助继电器不能做目标元件。

PLS、PLF 指令的使用说明如图 1-19 所示。

指令说明：

① 使用 PLS 指令，元件 Y、M 仅在驱动输入接通后的一个扫描周期内动作(置 1)。

② 使用 PLF 指令，元件仅在驱动输入断开后的一个扫描周期内动作。

③ 特殊继电器不能用作 PLS 和 PLF 的操作元件。

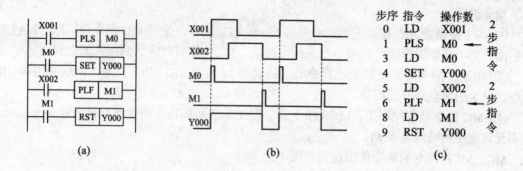

图 1-19 PLS、PLF 指令的使用说明

(a) 梯形图；(b) 波形图；(c) 指令语句表

使用这两条指令时，要特别注意目标元件。例如，在满足执行条件(X1=ON)，PLC 由运行→停机→运行时，PLS 指令可使通用继电器 M0 动作，但是却不能使 M600 动作。这是因为 M600 是特殊保持继电器，即使在断电停机时其动作也能保持。

7. 主控及主控复位指令 MC、MCR

(1) MC：主控指令，用于公共串联触点的连接，表示主控电路块的开始。

(2) MCR：主控复位指令，用于表示主控电路块的结束，即作为 MC 的复位指令。

在编程时，经常遇到多个线圈同时受一个或一组触点的控制。如果在每个线圈的输出分支中都串入同样的触点，将占用很多存储单元，应用主控指令可解决这一问题。使用主控指令的触点称为主控触点，它在梯形图中与一般的触点垂直。它们是与母线相连的常开触点，是控制多个线圈输出的共同的一个或一组触点。

当输入条件接通时，执行 MC 与 MCR 之间的指令；当输入条件断开时，不执行 MC 与 MCR 之间的指令。非积算定时器，用 OUT 指令驱动的元件复位；积算定时器、计数器，用 SET/RST 指令驱动的元件保持原来的状态。

图 1-20(a)所示的梯形图改为用主控指令编程的梯形图如图 1-20(b)所示。

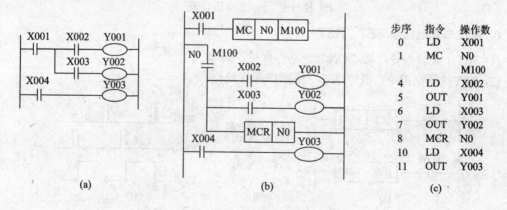

图 1-20 MC、MCR 指令的使用说明

(a) 梯形图；(b) 使用主控指令的梯形图；(c) 指令语句表

指令说明：

① 与主控指令 MC 相连的触点必须用 LD 或 LDI 指令，使用 MC 指令后，在主控触点的后面产生一个临时母线，形成一个主控电路块。MCR 使用母线回到原来的位置。

② 在 MC 指令内再使用 MC 指令时，嵌套级 N 的编号(0~7)顺次增大，返回用 MCR 指令，从大的嵌套级开始解除。

③ MC 指令是 3 程序步，MCR 指令是 2 程序步，两条指令的操作目标元件是 Y、M，但不允许使用特殊继电器 M。

MC、MCR 指令的嵌套使用说明如图 1-21 所示。

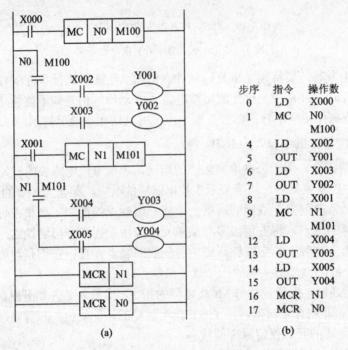

步序	指令	操作数
0	LD	X000
1	MC	N0
		M100
4	LD	X002
5	OUT	Y001
6	LD	X003
7	OUT	Y002
8	LD	X001
9	MC	N1
		M101
12	LD	X004
13	OUT	Y003
14	LD	X005
15	OUT	Y004
16	MCR	N1
17	MCR	N0

图 1-21　MC、MCR 指令的嵌套使用说明

(a) 梯形图；(b) 指令语句表

8. 置位与复位指令 SET、RST

(1) SET：置位指令，取"ON"使动作保持。

(2) RST：复位指令，取"OFF"使操作保持复位。

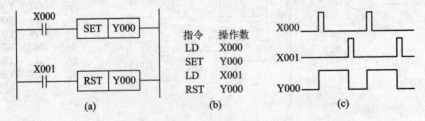

指令	操作数
LD	X000
SET	Y000
LD	X001
RST	Y000

图 1-22　SET、RST 指令的使用说明

(a) 梯形图；(b) 指令语句表；(c) 波形图

　　SET、RST 指令的使用说明如图 1-22 所示。由波形图可知，当 X000 接通后，即使再变成断开，在 SET 指令的作用下 Y000 也保持接通。X001 接通后，即使再变成断开，在 RST 指令的作用下 Y000 也将保持断开。SET 指令的操作目标元件为 Y、M、S，而 RST 指令的操作目标元件为 Y、M、S、T、C。这两条指令是 1～3 个程序步，Y、M 为 1 步；特殊辅助继电器 M、T、C、S 为 2 步；D、V、Z 为 3 步。

　　SET、RST 对同一元件可以多次使用，顺序也可以随意，但最后执行的指令才有效，用 RST 指令可以对计数器、积算定时器 T246～T255 的当前值及触点进行复位；对数据寄存器 D 以及变址寄存器 V、Z 的内容清零。RST 复位指令用于计数器的使用说明如图 1-23 所示。

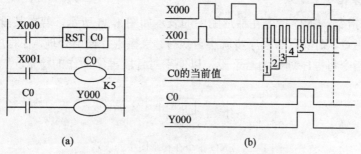

图 1-23　RST 指令用于计数器的使用说明

(a) 梯形图；(b) 波形图

　　当 X000 接通时，计数器 C0 的触点断开，输出继电器 Y000 断电，同时计数器恢复到设定值。

　　当输入触点 X001 接通期间，C0 开始计数，计到 5 时 Y000 动作。

　　RST 指令的使用说明如下：

　　① RST 指令既可用于计数器复位，使其当前值恢复至设定值；也可用于复位移位寄存器，清除当前内容。

　　② 在任何情况下，RST 指令都优先。当 RST 输入有效时，不接受计数器和移位寄存器的输入信号。

　　③ 因复位回路的程序与计数器的计数回路的程序是相互独立的，所以程序的执行顺序可任意安排，而且可分开编程。

9. 取反指令 INV

　　INV：取反指令，用于执行之前的运算结果取反，无操作元件，程序步为 1 步。

　　取反指令的使用说明如图 1-24 所示。图中 X1、X2 同时为 ON 时，通过取反指令 INV，Y1 为 OFF；X1 和 X2 只要有一个为 OFF 时，取反，Y1 就为 ON。

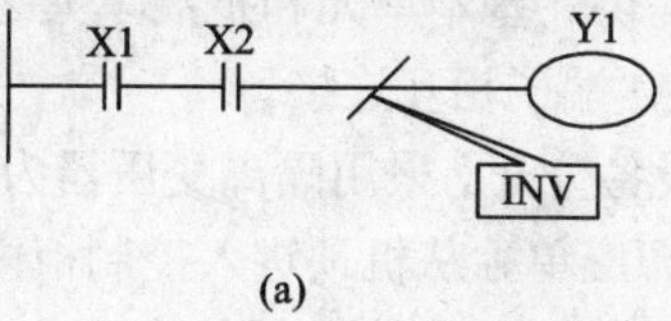

步序	指令	操作数
0	LD	X1
1	AND	X2
2	INV	
3	OUT	Y0

(a)　　　　　　　　　　(b)

图 1-24　取反指令的使用说明

(a) 梯形图；(b) 指令语句表

10. 空操作指令 NOP

NOP：空操作指令，其功能是让该步程序或当前指令不起作用。另外，通过增加 NOP 指令可以延长扫描周期。NOP 指令在程序中不予表示。

指令说明：

① NOP 指令的使用会使原梯形图程序所表示的逻辑关系发生重大变化，使用时须慎重。

② 执行程序进行全清操作后，全部指令都变成 NOP 指令。

11. 程序结束指令 END

END：结束指令。END 指令在梯形图中的表示如图 1-25 所示。若在某段程序的某个中间处加入 END 指令，则以后的程序步就不再执行，直接进行输出处理。在程序调试过程中，通常采用 END 指令将程序划分为若干段，以便于对各段程序动作的检查。

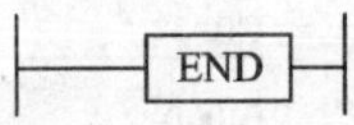

图 1-25　END 指令在梯形图中的表示

1.2.5　PLC 的接线

根据 I/O 分配表，将系统的输入/输出设备与 PLC 的输入/输出端子的连接归属于 PLC 控制系统的硬件接线问题。PLC 控制系统的硬件接线除 I/O 端子接线外，还有 PLC 的电源接线、通信线、接地线等。这些接线都是 PLC 正常安全工作的前提。

1. 电源接线及端子排列

PLC 基本单元的供电通常有两种情况：一是直接使用工频交流电，电源线在 L、N 端子间，即采用单向交流电源供电，通过交流输入端子连接，适用电压范围宽，100～250 V 均可使用，接线时要分清端子上的"N"端(零线)和"接地"端；二是采用外部直流开关电源供电，一般配有 24 V(DC)输入端子。24＋、COM 端子可以作为传感器供电电源，此电源容量为 400 mA/24 V，这个端子不能由外部电源供电，即采用交流供电的 PLC 机内自带 24 V(DC)内部电源为输入器件及扩展电源供电。"•"端子是空端，不要对其进行外部接线或作为中间端子使用。图 1-26 所示为 FX2N-32MR 的接线端子排列图，图 1-27 中上部端子排中标有 L 及 N 的接线位为交流电源相线及中线的接点。图 1-28 所示为基本单元接有扩展模块时交直流电源的配线情况。从图 1-28 可知，不带有内部电源的扩展模块所需的 24 V 电源由基本单元或由带有内部电源的扩展单元提供。基本单元和扩展单元之间利用特制的扁平通信电缆连接，基本单元和扩展单元的 COM 端子相互连接。

PLC 的供电线路要与其他大功率用电设备分开。采用隔离变压器为 OLC 供电，可以减小外界设备对 PLC 的影响。PLC 的供电电源应单独从机顶进入控制柜内，不能与其他直流信号线、模拟信号线捆在一起走线，以减小其他控制线路对 PLC 的干扰。三菱 FX 系列 PLC 的电源连接如图 1-26 所示。

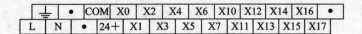

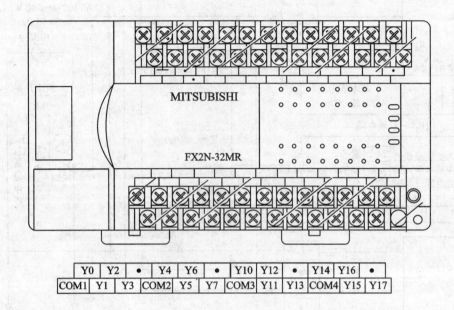

图 1-26　FX 系列 PLC 的接线端子排列示例(FX2N-32MR)

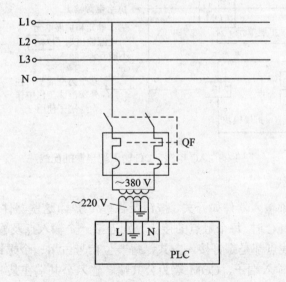

图 1-27　三菱 FX 系列 PLC 的电源连接

　　PLC 的接地应有专用的地线，若做不到这一点，也必须做到与其他设备公共接地，禁止与其他设备串联接地，更不能通过水管、避雷线接地。PLC 的基本单元必须接地，如有扩展单元，则其接地点应与基本单元的接地点连接在一起。

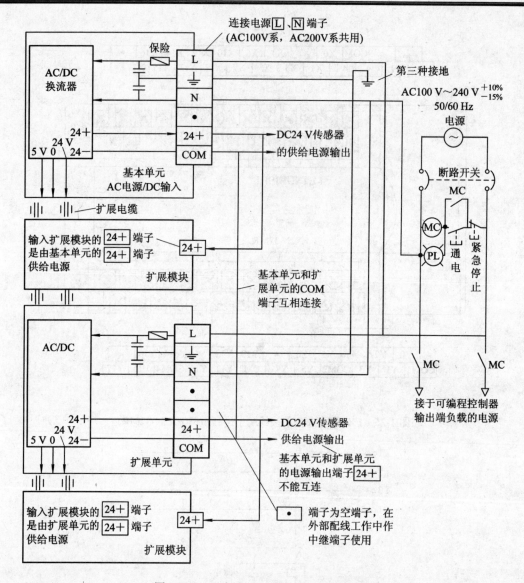

图 1-28 AC 电源、DC 输入型电源的配线

2. 输入端子的接线

输入端子 X 与外部输入器件如开关、按钮及各种传感器(这些器件主要都是触点类型的器件)相连接。在接入 PLC 时,每个触点的接头分别连接一个输入点及输入公共端(COM 端)。PLC 的开关量输入接线点都是螺钉接入方式,每一位信号占用一个螺钉。

图 1-26 中上部为输入端子,COM 端为公共端。输入公共端在某些 PLC 中是分组隔离的,在 FX 系列中是连通的,即在 PLC 的内部已将多个输入公共端连接好了,我们在使用时不用考虑,所以 PLC 的输入点接线一般采用汇点式(全部输入信号拥有一个公共点)。三菱 FX 系列 AC 电源、DC 输入信号型 PLC,输入端子和 COM 端子之间用无电压接点或 NPN 开路集电极晶体管连接,就进入输入状态,表示输入的 LED 灯亮。三菱 FX 系列 PLC 输入信号的连接如图 1-29 所示。PLC 内部输入的 1 次电路和 2 次电路用光耦合器绝缘,2 次电

路设有 RC 滤波器，这是为了防止混入输入接点的震动噪音和输入线的噪音而引起误动作。因此，输入信号的 ON→OFF、OFF→ON 变化在 PLC 的内部会产生约 10 ms 的响应滞后时间。

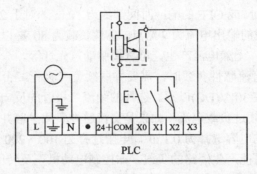

图 1-29　三菱 FX 系列 PLC 的输入信号的连接

PLC 内部电源能为每个输入点提供的工作电流大约为 7 mA(24 V(DC))，这也就限制了线路长度。有源传感器在接入时必须注意与机内电源的极性配合。模拟量信号的输入须采用专用的模拟量工作单元。ON 时 PLC 的输入电流必须大于 4.5 mA，来保证信号的可靠输入；OFF 时输入漏电流必须小于 1.5 mA，来保证可靠截止。

3. 输出端子的接线

与 PLC 的输出端子 Y 相连接的外部器件主要是继电器、接触器、电磁阀的线圈。这些外部器件均采用 PLC 机外的专用电源供电，PLC 内部不过是提供一组开关节点。接入时，线圈的一端接输出点螺钉，另一端经电源接输出公共端。

以继电器输出型 PLC 为例，继电器输出类型有 1 点、2 点、4 点和 8 点为一个公共输出型，各个公共点组可以驱动不同电源电压等级和类型(如 220 V(AC)、110 V(AC) 和 24 V(DC)等)的负载。输出点接线可采用分组汇点式(每组输出信号拥有 1 个公共点)和汇点式(全部输出信号拥有一个公共点)，当输出信号所控制的负载的电源电压等级和类型相同时，采用汇点式。采用汇点式连接方式时要将全部输出公共点连接在一起。三菱 FX 系列 PLC 输出接线如图 1-30 所示。图中继电器 KA1、KA2 和接触器 KM1、KM2 线圈由 220 V(AC)供电，电磁阀 YV1、YV2 由 24 V(DC)供电，这样电磁阀与继电器、接触器因供电电源的电压等级和类型不同便不能分在一组，因此采用分组汇点式。继电器、接触器的供电电源的电压类型和等级相同，可以分在一组，如果一组安排不下，可以分在两组或多组，但这些组的公共点(COM)要连接在一起。

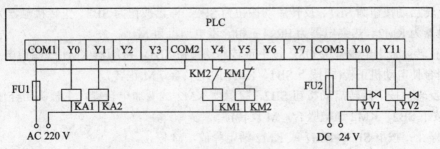

图 1-30　三菱 FX 系列 PLC 的输出信号的连接

利用输出继电器所提供的外部触点，将 PLC 内部电路和负载电路进行电气绝缘，避免了外部设备对 PLC 的干扰。另外，各个公共点组之间也是相互隔离的。输出继电器的线圈通电时，LED 指示灯亮，表明有输出，输出继电器的触点为 ON。从输出继电器的线圈通电或失电，到输出触点为 ON 或 OFF 的响应时间都约为 10 ms。对于 250 V(AC)以下的电路电压，可以驱动纯电阻负载的输出电流为 2 A/点，感性负载为 80 W 以下，灯负载为 100 W 以下。输出触点为 OFF 时，无漏电流产生，可直接驱动氖光灯等。

利用输出触点驱动直流感性负载时，需要并联续流二极管，否则会降低触点的寿命，并且要把电源电压控制在 30 V(DC)以下。选择的续流二极管的反向耐压值应为负载电压的 10 倍以上，顺向电流应超过负载电流。如果是交流感性负载，应并联浪涌吸收器，这样可减少噪音。浪涌吸收器的电容选择为 0.1 μF，电阻选择为 100～200 Ω。

对于同时启动时有可能产生短路的负载，如控制电动机正反转的 2 个接触器等负载，除了在 PLC 程序中要互锁外，还要有外部硬件界限互锁。

4. 通信线的连接

PLC 一般设有专用的通信口，通常为 RS-485 或 RS-422，FX2N 型 PLC 为 RS-422，与通信口的接线常采用专用的接插件连接。

1.3　课堂演示——电动机正反转控制实例

电动机正反转控制是对电动机的最基本的控制之一，相应的控制程序中涉及两个基本的控制环节。任何一个复杂的梯形图程序，总是由一系列简单的典型单元梯形图组成的。因此，熟悉一些典型单元控制电路的设计，理解和掌握这些单元梯形图程序，对编制复杂梯形图程序有很大帮助。通过课堂演示，希望读者能够掌握用 PLC 对电动机的基本控制。

1. 控制原理及控制要求

在进行 PLC 控制系统设计时，需明确控制对象的工作原理、工艺流程、机械结构和操作方法，了解工艺过程和机械运动与电气执行元件之间的关系和对控制系统的要求，了解设备运动的要求、方式和步骤。在这些基础上，确定出被控对象对 PLC 控制系统的要求。

由电动机的工作原理可知，只要改变电动机电源的相序，即交换三相电源进线中的任意两根相序，就能改变电动机的转向。为此，在电动机的主控制电路中可用两个接触器的主触头来对调电动机的定子绕组电源的任意两根接线，就可以实现电动机的正反转。

通过对电动机正反转控制的分析，可将该系统的控制要求描述如下：

设正转启动按钮为 SB1、反转启动按钮为 SB2、停止按钮为 SB3、正转接触器为 KM1、反转接触器为 KM2、热继电器为 FR、三相异步电动机为 M。

(1) 正转：合上电源开关 QS，按下正转启动按钮 SB1，接触器 KM1 线圈通电且自锁，主触头闭合使电动机正转(即按下 SB1，KM1 通电吸合，M 正转)。

(2) 反转：按下反转启动按钮 SB2，接触器 KM2 线圈通电自锁，主触头闭合使电动机反转(即按下 SB2，KM2 通电吸合，M 反转)。

(3) 停止：按下 SB3，KM1 或 KM2 断电释放，M 停止。

(4) 必须保证两个接触器不能同时工作，即不允许接触器 KM1 和 KM2 同时通电，以防止两根电源线同时通过它们的主触头而将电源短路。因此，正反转控制线路最根本的要求是能互锁(在同一时间里两个接触器中只允许其中一个接触器工作的控制作用)。

(5) 过载保护：FR 常开触点接通，KM1 或 KM2 断电释放，M 停止。

2. I/O 分配

对 PLC 控制系统进行 I/O 分配，实际上就是根据系统的控制要求，确定用户所需的输入设备的数量和种类，如按钮、开关以及传感器等；明确各输入设备所输入信号的特点，如开关量、模拟量、直流、交流、电压等级等；确定系统的输出设备的数量和种类，如接触器、电磁阀和信号灯等；明确各输出设备所输出信号的特点，如电压和电流的大小、直流、交流、电压等级、开关量、模拟量等。根据这些确定 PLC 的 I/O 设备类型和数量。

I/O 设备确定好后，就可以给它们分配相应的 PLC 的 I/O 地址，即分配相应的输入/输出端子号，并进行连接。这些工作可归结为两个方面：编写 PLC 的 I/O 分配表和绘制 I/O 接线图。I/O 分配表和 I/O 接线图可以说是编写梯形图程序的基础。

由电动机正反转控制系统的控制要求分析得知，输入信号共有 4 个，分别是 SB1、SB2、SB3、FR；输出信号共有 2 个，分别用于控制 KM1、KM2 的线圈。其 I/O 分配如表 1-1 所示。

表 1-1　I/O 设备及 I/O 点分配表

输　入　信　号		输　出　信　号	
输入设备	输入点编号	输出设备	输出点编号
正转按钮 SB1	X1	正转接触器 KM1	Y1
反转按钮 SB2	X2	反转接触器 KM2	Y2
停止按钮 SB3	X3		
热继电器 FR	X4		

3. 硬件接线

根据前文所述的 PLC 接线问题及该系统 I/O 分配表，可画出电动机正反转主电路控制原理图和 PLC 输入/输出端子 I/O 接线图，如图 1-31 所示。

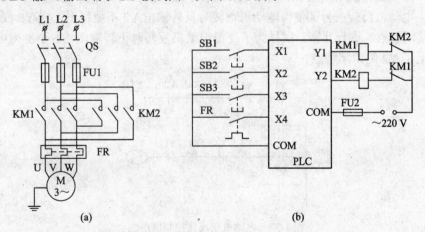

图 1-31　电动机正反转控制主电路原理图及 PLC I/O 接线图

(a) 主电路原理图；(b) PLC I/O 接线图

图 1-31(a)所示为主电路原理图,当接触器 KM1 工作时,KM1 的三对主触点把三相电源和电动机的定子绕组 U、V、W 按顺相序 L1、L2、L3 连接,电动机正转。当接触器 KM2 工作时,KM2 的三对主触点把三相电源和电动机的定子绕组 U、V、W 按反相序 L3、L2、L1 连接,电动机反转。

由图 1-31 可以看出,在主电路和 PLC 输入/输出(I/O)端子外部接线图中所采用的保护环节如下:

(1) 熔断器 FU1、FU2 分别串联在主电路和 PLC 输出端子接线电路中,起短路保护作用,但是不起过载保护作用。

(2) 开关 QS 起隔离电源的作用,当更换熔断器、检修电动机和控制线路时,用它断开电源,确保操作安全。

(3) 热继电器 FR 具有过载保护作用。电动机在较长时间过载后,FR 才动作,其常闭触点断开,使接触器 KM 线圈断电,主触点断开,切断电动机的电源,实现了过载保护。

(4) 接触器 KM 具有欠压和失压(零压)保护功能,此功能是依靠接触器的电磁机构来实现的。

当电动机正常启动后,可能由于某种原因使电源电压过分降低,而电动机的电磁转矩与电压的平方成正比($T \propto U^2$),因此使电动机的转速大幅度下降,绕组电流大大增加。如果电动机长时间在这种欠压状态下工作,将会使电动机严重损坏。为防止电动机在欠压状态下工作的保护叫做欠压保护。如果因某种原因电源电压突然消失而使电动机停转,那么当电源电压恢复时,电动机不应自行启动,否则可能造成人身事故或设备事故,这种保护称为失压保护(也称零压保护)。

4. 梯形图及指令语句表程序

电动机正反转控制梯形图如图 1-32 所示,它是按照继电器控制电路略作改动而成的,可以看出梯形图由两个启动、保持、停止的梯形图,再加上两者之间的互锁触点构成。按下正转启动按钮 SB1 后,X1 点有了输入信号,其常开触点闭合,Y1 线圈得电并自锁,电动机正转;按下反转启动按钮 SB2 后,X2 点有了输入信号,其常开触点闭合,Y2 线圈得电并自锁,电动机反转;为了使得电动机正转时反转输出 Y2 不能得电,在 Y2 线圈前加上了 Y1 的常闭触点,进行互锁,同样为了使得电动机反转时正转输出 Y1 不能得电,在 Y1 线圈前加上了 Y2 的常闭触点。

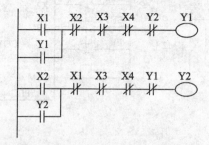

图 1-32 电动机正反转控制梯形图

在梯形图中,内部软继电器的互锁触点 X1 与 X2 互锁,其功能相当于继电器控制系统中启动按钮为复合按钮。将正转启动按钮 SB1 的常闭触点 X1 串接在反转控制回路中,将反转启动按钮 SB2 的常闭触点 X2 串接在正转控制回路中，这样便可以保证正、反转两条控制回路不会同时被接通。若要使电动机由正转变为反转，不需要再按下停止按钮，可直接按下反转启动按钮 SB3；反之亦然。

这种按钮互锁的好处是操作方便，安全可靠，且反转迅速，因此它在小容量的电动机正反转控制中应用很广。但是对于大容量的电动机，由于转动惯量大，马上反转容易引起机械故障，因此还是采用输出线圈互锁控制，先停机再反转，以使工作更加可靠和安全。即分别在输出线圈 Y1、Y2 的支路中串接对方的一个常闭辅助触点，这样就可以从程序上保证接触器 KM1、KM2 不会同时通电。

电动机正反转控制指令语句表程序如表 1-2 所示。

表 1-2　电动机正反转控制指令语句表程序

步　序	指　令	操作数	步　序	指　令	操作数
0	LD	X1	7	LD	X2
1	OR	Y1	8	OR	Y2
2	ANI	X2	9	ANI	X1
3	ANI	X3	10	ANI	X3
4	ANI	X4	11	ANI	X4
5	ANI	Y2	12	ANI	Y1
6	OUT	Y1	13	OUT	Y2

应该注意的是：虽然在梯形图中已经有了内部软继电器的互锁触点(X1 与 X2，Y1 与 Y2)，但在外部硬件输出电路中还必须使用接触器 KM1、KM2 的常闭触点进行互锁。因为 PLC 内部软继电器互锁只相差一个扫描周期，而外部硬件接触器触点的断开时间往往大于扫描周期，来不及响应。例如 Y1 虽然断开，可能 KM1 的触点还未断开，在没有硬件互锁的情况下，KM2 的触点可能接通，引起主电路短路。因此，必须采用软、硬件双重互锁。采用双重互锁，同时也避免了由接触器 KM1 或 KM2 的主触点熔焊而引起电动机主电机的短路。

5. 演示步骤

(1) 按照图 1-31 所示的 PLC 输入/输出端子接线图，完成硬件接线。

(2) 在断电的状态下，用 FX-20P-CAB 电缆，将手持型编程器 FX-20P-E 与 PLC 主机 FX2N-16MR-ES/UL 相连。

(3) 合上电源开关 QS，将 PLC 的主机 FX2N-16MR-ES/UL 工作模式选择在编程模式状态下，然后将编写好的指令语句程序逐条输入 PLC，并检查，确保正确无误。

(4) 将 PLC 的运行模式选择开关拨到 RUN 位置，使 PLC 进入运行方式，运行程序。

(5) 按下 SB1 按钮，观察电动机是否正转，并且是连续工作。

(6) 按下 SB2 按钮，观察电动机是否反转，并且是连续工作。

(7) 按下 SB2 按钮，观察电动机是否停止转动。

1.4 技 能 训 练

本模块技能训练的内容包括两个方面：一是 PLC 的输入/输出端子的接线；二是 PLC 的基本逻辑指令的功能。

一、实训目的

(1) 熟悉 PLC 的外部接线。

(2) 熟悉 PLC 的基本指令的功能，学会用基本逻辑指令编写控制程序。

(3) 理解典型的控制程序控制功能。

(4) 理解梯形图程序在 PLC 控制系统中的作用。

(5) 熟悉 FX 系列 PLC 编程器的面板和操作。

二、实训原理及实训电路

1. 实训原理

在实际生产控制中，往往需要对同一设备或被控对象在不同的地点都可以进行控制，下面为对某一台电动机 M 在甲、乙两地实现用 PLC 控制的系统设计。

控制要求如下：

甲地：启动按钮 SB1，停止按钮 SB3；

乙地：启动按钮 SB2，停止按钮 SB4。

2. 编程元件的地址分配

编程元件的地址分配就是对 PLC 输入/输出(I/O)地址的分配。根据控制要求，对系统的输入/输出设备进行 I/O 分配，其分配表如表 1-3 所示。

表 1-3　　I/O 设备及 I/O 点分配表

输入口分配		输出口分配	
输入设备	PLC 输入继电器	输出设备	PLC 输出继电器
甲地启动按钮 SB1	X002	接触器 KM	Y0
乙地启动按钮 SB2	X003		
甲地停止按钮 SB3	X004		
乙地停止按钮 SB4	X005		

3. 实训电路

系统的主电路原理图和 I/O 端子接线图如图 1-33 所示。

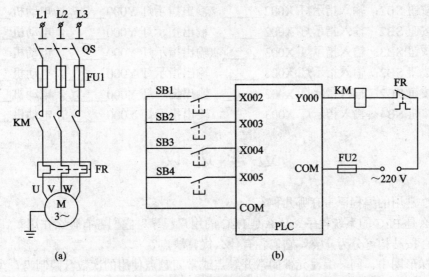

图 1-33　电动机两地控制主电路原理图及 PLC 的 I/O 端子接线图

三、梯形图

梯形图如图 1-34 所示。X002 和 X004 所对应的输入设备是甲地的启动与停止按钮。X003 和 X005 所对应的输入设备是乙地的启动与停止按钮。通过该程序可实现两地控制同一设备。

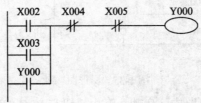

图 1-34　电动机两地控制梯形图

四、实训步骤

(1) 在教师指导下，按图 1-33 所示完成 PLC 输入/输出端子的硬件接线。

(2) 将 PLC 用户程序存储器里的内容清空，输入异地控制程序。

(3) 接通 PLC 主机电源，并合上电源开关，接通 380 V 电源。

(4) 将 PLC 置于运行状态，分别按下按钮 SB1、SB2、SB3、SB4，观察 PLC 上输入/输出指示灯的工作状态及电动机的动作情况，将结果填入空白处。

按下按钮 SB1：输入指示灯 X002＿＿＿＿＿，输出指示灯 Y000＿＿＿＿＿，电动机＿＿＿＿＿；

松开按钮 SB1：输入指示灯 X002＿＿＿＿＿，输出指示灯 Y000＿＿＿＿＿，电动机＿＿＿＿＿；

按下按钮 SB3：输入指示灯 X003＿＿＿＿＿，输出指示灯 Y000＿＿＿＿＿，电动机＿＿＿＿＿；

按下按钮 SB1：输入指示灯 X002＿＿＿＿＿，输出指示灯 Y000＿＿＿＿＿，电动机＿＿＿＿＿；

松开按钮 SB1：输入指示灯 X002＿＿＿＿＿，输出指示灯 Y000＿＿＿＿＿，电动机＿＿＿＿＿；

按下按钮 SB4：输入指示灯 X003＿＿＿＿＿，输出指示灯 Y000＿＿＿＿＿，电动机＿＿＿＿＿；

按下按钮 SB2：输入指示灯 X002＿＿＿＿＿，输出指示灯 Y000＿＿＿＿＿，电动机＿＿＿＿＿；
松开按钮 SB2：输入指示灯 X002＿＿＿＿＿，输出指示灯 Y000＿＿＿＿＿，电动机＿＿＿＿＿；
按下按钮 SB3：输入指示灯 X003＿＿＿＿＿，输出指示灯 Y000＿＿＿＿＿，电动机＿＿＿＿＿；
按下按钮 SB2：输入指示灯 X002＿＿＿＿＿，输出指示灯 Y000＿＿＿＿＿，电动机＿＿＿＿＿；
松开按钮 SB2：输入指示灯 X002＿＿＿＿＿，输出指示灯 Y000＿＿＿＿＿，电动机＿＿＿＿＿；
按下按钮 SB4：输入指示灯 X003＿＿＿＿＿，输出指示灯 Y000＿＿＿＿＿，电动机＿＿＿＿＿。

边 学 边 议

1. PLC 常用的编程语言有哪几种？
2. 什么是 PLC 的系统程序？什么是 PLC 的用户程序？它们各有什么作用？
3. PLC 按结构可分为几类？它们各有什么优、缺点？
4. 在梯形图中，同一编程元件的常开触点或常闭触点使用的次数有限制吗？为什么？
5. 编程器的作用和工作方式有哪些？
6. 写出图 1-35 所示梯形图程序对应的指令语句表。

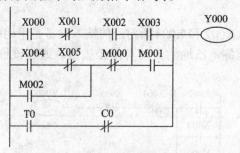

图 1-35　梯形图

7. 在电动机启动、停止电路中，启动、停止按钮与 PLC 的输入端子是接按钮的常开触点还是常闭触点？

8. 为什么说 PLC 的接线简单？

9. 在控制三相交流电动机的实际电路中，电气接口线路应该如何连接？应采取哪些保护措施？

知识模块二　交通信号灯控制

　　十字路口交通信号灯的控制是一个典型的时间控制问题。本知识模块的重点是，通过对 PLC 中的定时器、计数器的讲解，说明如何使用 PLC 实现系统的延时/计数控制。

2.1　教 学 组 织

一、教学目的

(1) 了解可编程控制器的硬件组成。

(2) 掌握可编程控制器的编程元件。

(3) 理解可编程控制器的工作原理。

(4) 熟悉可编程控制器的定时器、计数器的功能及使用。

(5) 熟悉 PLC 基本的延时控制程序的功能和设计。

二、教学节奏与方式

	项　目	时间安排	教　学　方　式
1	教师讲授	10 学时	重点讲授 PLC 的编程元件及定时器、计数器的使用
2	课堂演示	2 学时	交通信号灯控制
3	技能训练	2 学时	编程器的使用，基本延时控制程序的设计

2.2　教 学 内 容

2.2.1　PLC 的硬件结构组成

　　虽然可编程控制器的生产厂家各异，种类繁多，但其基本硬件结构和工作原理却基本相同。一般而言，PLC 的硬件结构通常由输入部分、逻辑部分、输出部分及电源部件四个部分组成，如图 2-1 所示。具体地讲，PLC 的基本硬件包括中央处理器 CPU、存储器、输入/输出接口、电源、扩展接口、通信接口、编程工具、智能 I/O 接口、智能单元等部分，如图 2-2 所示。

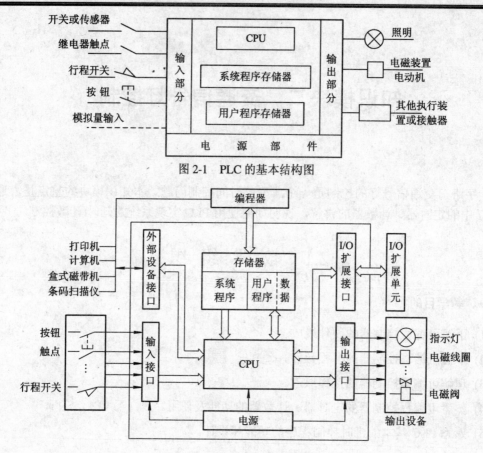

图 2-1　PLC 的基本结构图

图 2-2　PLC 的基本硬件组成

1. 输入部分

PLC 的输入部分也就是其输入接口部分。输入部分的主要作用是收集并保存被控对象实际运行的数据和信息。其输入信号分主令信号和现场检测信号两种。主令信号一般是指来自操作台上各种功能键(如开机、关机、调试或紧急停车等按键)的操作信号；现场检测信号是指来自被控对象的各种检测元件(如行程开关、限位开关、光电检测开关、继电器触点及其他各类传感器等)传送过来的检测信号。

PLC 的输入接口电路一般可分为开关量输入接口电路和模拟量输入接口电路。开关量输入接口电路要求 PLC 的输入信号是数字信号，即开关信号，如各种开关、按钮的通断信号。模拟量输入接口电路则接收处理各种模拟信号，即电平信号，如现场各种传感器输送过来的电压或电流信号。PLC 的输入接口部分要求具有较强的抗干扰能力，同时能够满足工业现场各类信号的匹配要求。

PLC 开关量输入接口电路的作用就是把现场各种开关信号变成其内部处理的标准信号。按使用的电源不同，通常 PLC 的开关量输入接口可分为三种类型，分别是直流 12～24 V 输入接口、交流 100～120 V 或 200～240 V 输入接口、交直流(AC/DC)12～24 V 输入接口。输入接口电路中都有滤波电路和光电耦合电路。滤波电路具有抗干扰的作用；光电耦合电路可以将外部电路与 PLC 隔离开。光电耦合电路中的光电耦合器通常由发光二极管和光敏晶体管组成。

1) 直流输入接口电路

直流输入接口电路的原理如图 2-3 所示。图中画出了一个输入端口的输入电路，虚线框中的部分为 PLC 内部电路，虚线框外为用户接线。R_1、R_2 用于分压，且 R_1 起限流作用，R_2 及 C 构成滤波电路。输入电路采用光耦合实现输入信号与机内电路的耦合，COM 为公共端子。

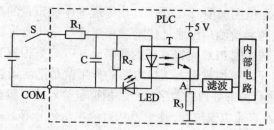

图 2-3　直流输入接口电路

当输入端的开关接通时，光耦合导通，直流输入信号转换成 TTL(5 V)标准信号送入 PLC的输入电路，同时 LED 输入指示灯亮，表示输入端接通。

2) 交流输入接口电路

交流输入接口电路如图 2-4 所示，为减小高频信号的串入，电路中设有隔直电容 C。

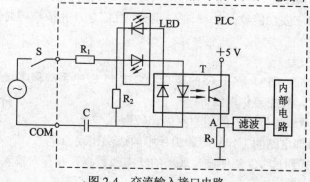

图 2-4　交流输入接口电路

3) 交/直流输入接口电路

图 2-5 所示为交/直流输入接口电路。其内部电路结构与直流输入接口电路基本相同，所不同的是外部电源除直流电源外，还可用 12～24 V 交流电源。

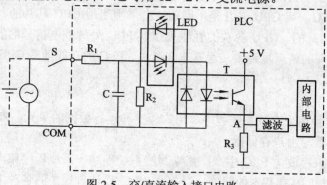

图 2-5　交/直流输入接口电路

开关量输入接口电路的主要参数是电流信号。当现场开关闭合时，输入信号接通，此时必须有足够的电流流入光耦输入端，光敏晶体管才能饱和导通，使 CPU 在输入采样阶段读入数字 1；而当现场开关断开时，输入信号中断，必须保证流入光耦输入端的电流足够小，以保证光耦输出端的光敏晶体管可靠截止，光耦合器中的发光二极管熄灭，使 CPU 在输入采样阶段读入数字 0。不同型号的 PLC 对输入可靠动作的电流都有明确规定，使用时可参照使用手册。

模拟量输入接口电路框图如图 2-6 所示。由于现场中模拟量的变化范围一般是不标准的，因此需将现场中的各类检测信号通过传感器和变送器先转换为标准的电信号，再经过 A/D 转换器将模拟信号转换成 PLC 可以认识的数字量。PLC 是根据数字量的大小来判断模拟量的大小的。由此可见，模拟量输入接口电路的作用就是把现场连续变化的模拟量标准信号转换成 PLC 可以进行内部处理的数字信号。模拟量输入接口接收的标准模拟电流或电压信号分别是 4～20 mA 直流电流信号、1～10 V 直流电压信号等。

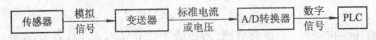

图 2-6　模拟量输入接口电路框图

2. 逻辑部分

可编程控制器本质上是一种工业控制计算机，因此其逻辑部分的核心部件就是 CPU 和存储器。逻辑部分的主要功能就是处理输入部分所得信息，并按被控对象的实际动作要求做出反应。

1) 中央处理器 CPU

与一般计算机一样，CPU 是 PLC 的核心，它按 PLC 中系统程序赋予的功能指挥 PLC 有条不紊地进行工作，其主要作用如下：

(1) 接收并存储从编程器输入的用户程序和数据。

(2) 诊断 PLC 内部电路的工作故障和编程中的语法错误。

(3) 用扫描的方式通过 I/O 部件接收现场的状态或数据，并存入输入映像存储器或数据存储器中。

(4) PLC 进入运行状态后，从存储器逐条读取用户指令，解释并按指令规定的任务进行数据传送、逻辑或算术运算等；根据运算结果，更新有关标志位的状态和映像存储器的内容，再经输出部件实现输出控制、制表打印或数据通信的功能。

不同型号的 PLC，其 CPU 芯片是不同的，有采用通用 CPU 芯片的，有采用厂家自行设计的专用 CPU 芯片的。CPU 芯片的性能关系到 PLC 处理控制信号的能力与速度，CPU 位数越高，系统处理的信息量越大，运算速度越快。PLC 的功能随着 CPU 芯片技术的发展不断提高。

2) 存储器

PLC 的存储器是用来存放系统程序、用户程序和运行数据的单元。PLC 的存储器按其作用分为系统存储器与用户存储器。

系统存储器用来存放由 PLC 生产厂家编写的系统程序。系统程序相当于个人计算机的操作系统，它使 PLC 具有基本的职能，以完成 PLC 设计者规定的各种工作。系统程序由

PLC 生产厂家设计并固化在 ROM 中，用户不能直接更改。

用户存储器包括用户程序存储器(程序区)和功能存储器(数据区)两部分。用户程序存储器用来存放用户针对具体控制任务用规定的 PLC 编程语言编写的各种用户程序。用户程序存储器根据所选用的存储器单元类型的不同，可以是随机存储器 RAM(有掉电保护)、可擦除可编程只读存储器 EPROM 或电擦除可编程只读存储器 EEPROM，其内容可以由用户任意修改或增删。用户功能存储器是用来存放(记忆)用户程序中使用的 ON/OFF 状态、数值数据的，由于这些数据是不断变化的，因此用随机存取存储器 RAM 来组成功能存储器，它构成 PLC 的各种内部器件，也称为"软元件"。用户存储器容量的大小关系到用户程序容量的大小和内部器件的多少，它是反映 PLC 性能的重要指标之一。

PLC 中的物理存储器有两种：一种为可进行读/写操作的随机存取的存储器 RAM；另一种为只读存储器 ROM。按编程方式的不同，只读存储器又有掩膜只读存储器 ROM、可编程只读存储器 PROM、可擦除可编程只读存储器 EPROM 和电擦除可编程只读存储器 EEPROM。ROM 的存储内容在其制造过程中确定，不允许再改写；PROM 的存储内容是用户用编程器一次性写入的，不能再改写；EPROM 的存储内容也是用户用编程器写入的，但可以在紫外线灯的照射下擦除，因此，它允许反复多次地擦除和写入；EEPROM 的存储内容由用户写入，在写入新的内容时，原来存储的内容会自动清除，允许反复多次写入。

只读存储器是非挥发性的器件，它的特点是在断电状态下仍能保存所存储的内容；随机存取存储器是一种挥发性的器件，即当供电电源掉电后，其存储的内容就会丢失。因此，在实际使用中，通常需要配备掉电保护电路，当正常电源切断后，用配备电池来供电，以保护其存储内容不会丢失。

3. 输出部分

PLC 的输出接口部分用来连接被控对象中的各种执行元件，并驱动这些执行元件产生相应的动作，这些执行元件有接触器、电磁阀、指示灯、调节阀和调速装置等。PLC 的输出接口部分的主要作用就是对现场被控装置进行实时操作处理。对输出部分的要求是应当具有足够大的输出功率，以便能驱动现场需控制的设备，使其产生相应动作。

PLC 的开关量输出接口按输出开关器件种类的不同分为三种形式：第一种是继电器输出型，CPU 输出时接通或断开继电器的线圈，使继电器触点闭合或断开，再去控制外部电路的通断；第二种是晶体管输出型，通过光耦合使开关晶体管截止或饱和导通，以控制外部电路；第三种是双向晶闸管输出型，采用的是光触发型双向晶闸管。

开关量输出接口的作用是把 PLC 的内部信号转换成现场执行机构的各种开关信号，以实现 PLC 内部电路与外部设备的连接。按照负载使用电源的不同，输出接口电路可分为直流输出接口、交流输出接口和交/直流输出接口电路。在开关量输出接口中，晶体管输出型的接口只能带直流负载，属于直流输出接口。双向晶闸管输出型的接口只能带交流负载，属于交流输出接口。继电器输出型的接口可带直流负载，也可带交流负载，属于交/直流输出接口。

下面简单介绍常见的开关量输出接口电路。

1) 继电器输出型接口电路(交/直流输出接口)

图 2-7 所示为继电器输出型接口电路。图中：继电器既是输出开关器件又是隔离器件，

电阻 R_1 和指示灯 LED 组成输出状态显示器；电阻 R_2 和电容 C 组成 RC 灭弧电路。

当需要某一输出端产生输出时，由 CPU 控制，将输出信号输出，接通输出继电器线圈，输出继电器的触点闭合，使外部负载电路接通，同时输出指示灯亮，指示该路输出端有输出，负载所需交/直流电源由用户提供。

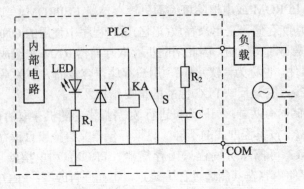

图 2-7　继电器输出型接口电路

2) 双向晶闸管输出型接口电路(交流输出接口)

图 2-8 所示为双向晶闸管输出型接口电路，图中只画出了一个输出端的输出电路。其中：双向晶闸管为输出开关器件，由它组成的固态继电器(ACSSR)具有光电隔离作用，作为隔离元件；电阻 R_2 与电容 C 组成高频滤波电路，用于减少高频信号干扰；在输出回路中还设有阻容过压保护和浪涌吸收器，可承受严重的瞬时干扰。

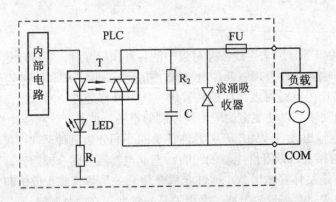

图 2-8　双向晶闸管输出型接口电路

当需要某一输出端产生输出时，由 CPU 控制，将输出信号经光电耦合器使输出回路中的双向晶闸管导通，相应的负载导通，同时，输出指示灯亮，指示该路输出端有输出，负载所需的交流电源由用户提供。

3) 晶体管输出型接口电路(直流输出接口)

图 2-9 所示为晶体管输出型接口电路，图中虚线框中的电路是 PLC 的内部电路，框外是 PLC 输出点的驱动负载电路。图中只画出了一个输出端的输出电路，各个输出端所对应的输出电路均相同。在图 2-9 中，晶体三极管 V 为输出开关器件，光电耦合器为隔离器件，稳压管和熔断器分别用于输出端的过电压保护和短路保护。

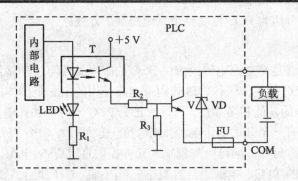

图 2-9　晶体管输出型接口电路

由于 PLC 种类繁多，上面介绍的几种开关量的输入/输出接口电路会因生产厂家的不同而有所不同，但其基本原理相差不大。在 PLC 中，开关量的输入信号端个数和输出信号端个数称为 PLC 的输入/输出点数，它是衡量 PLC 性能的重要指标之一。

开关量输出接口电路的主要技术参数如下：

(1) 响应时间。响应时间为 PLC 输出器件由一种状态变为另一种状态所需的时间。继电器输出型 PLC 的响应时间最长，从输出继电器的线圈通电到触点闭合约为 10 ms；晶体管输出型 PLC 从光耦获得或失去驱动信号到晶体管完全导通或完全截止的时间在 0.2 ms 以下；双向晶闸管输出型 PLC 从光控晶闸管获得或失去驱动信号到晶闸管完全导通或完全截止的时间在 1 ms 以下。

(2) 输出电流。继电器输出型 PLC 具有较大的输出电流，纯阻性负载在 220 V(AC) 以下的电路为 2 A/点；晶体管输出型和双向晶闸管输出型 PLC 的输出电流较小，一般为 0.5 A/点和 0.3 A/点。不同型号的 PLC 其输出电流有所不同，使用时需参阅使用手册。对于感性负载，由于在断开的瞬间会产生较高的自感电动势，因此在使用时应考虑输出电流。

(3) 开路漏电流。开路漏电流为 PLC 输出处于关断状态时，输出回路中的电流。继电器输出型 PLC 没有开路漏电流；晶体管输出型 PLC 的开路漏电流较小，在 0.1 mA 以下，一般不会造成输出误动作；双向晶闸管输出型 PLC 的开路漏电流较大，为 2.4 mA 左右，这是因为在 PLC 内部，与晶闸管并联了 RC 吸收电路，故引起了较大的开路漏电流。使用双向晶闸管输出型 PLC 时，一定要注意开路漏电流的问题。

PLC 的模拟量输出接口电路的作用是将 PLC 处理后的数字量信号转换为相应的模拟信号量信号并输出，以满足生产过程现场连续控制信号的需要。模拟量输出接口电路主要由光电隔离、D\A 转换及驱动等环节组成。图 2-10 所示为模拟量输出接口电路框图。模拟量输出接口一般安装在专用的模拟量输出模块上。

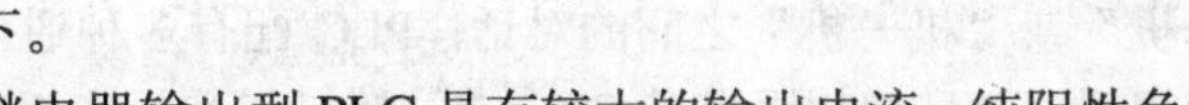

$$\boxed{\text{PLC}} \xrightarrow{\text{数字量}} \boxed{\text{D/A 转换}} \xrightarrow{\text{模拟量}} \boxed{\text{信号驱动}} \longrightarrow \boxed{\text{执行机构}}$$

图 2-10　模拟量输出接口电路框图

PLC 的输出通常是分组的，即几个输出点共用一个公共点，也有单独一个输出点为一组的。各组输出点是相互隔离的。对于共用一个公共点的同一组输出，必须使用同一组电压类型和等级的电源。因为在一个较大的控制系统中，执行元器件的电压等级和类别不可能完全相同，设计时就要把它们分在不同的公共组，不同的公共点上提供不同等级和类型的外接电源。输出的分组为 PLC 控制整个系统提供了方便。

4. 电源部件

电源部件的作用就是将交流电转换成供 PLC 的中央处理器、存储器等电子电路工作所需的直流电源，使 PLC 能正常工作。PLC 内部电路使用的电源是整体的能源供给中心，它的好坏直接影响 PLC 的功能和可靠性，目前大部分 PLC 采用开关式电源供电。小型的整体式可编程控制器内部有一个开关稳压电源，此电源一方面可为 CPU、I/O 单元及扩展单元提供直流 5 V 工作电源，另一方面可为外部输入元件提供直流 24 V 电源。

对于整体式结构的 PLC，电源通常封装在机箱内部；对于组合式 PLC，有的采用单独电源模块，有的将电源与 CPU 封装到一个模块中。PLC 的电源部件有很好的稳压措施，因此对外部电源的稳定性要求不高，一般允许外部电源电压的稳定值在 −15%～+10%的范围内波动。为了防止在外部电源发生故障时，PLC 丢失内部程序和数据等重要信息，PLC 用锂电池作停电时的后备电源。

5. 扩展接口

扩展接口用于将扩展单元与基本单元相连，使 PLC 的配置更加灵活，以满足不同控制系统的需求。

6. 通信接口

为了实现"人—机"或"机—机"之间的对话，PLC 配有多种通信接口。PLC 通过这些通信接口可以与监视器、打印机以及其他 PLC 或计算机相连。当 PLC 与打印机相连时，可将过程信息、系统参数等输出打印；当与监视器(CRT)相连时，可将控制过程图像显示出来；当与其他 PLC 相连时，可以组成多机系统或联成网络，以实现不同结构形式的 PLC 控制系统或实现更大规模的控制；当与计算机相连时，可以组成多级控制系统，实现控制与管理相结合的综合控制。

7. 智能 I/O 接口

为了满足工业上更加复杂的控制需要，PLC 配有多种智能的 I/O 接口，如满足位置调节需要的位置闭环控制模块，对高速脉冲进行计数和处理的高速计数模块等。这类智能模块都有其自身的处理器系统。通过智能 I/O 接口，用户可方便地构成各种工业控制系统，实现各种功能控制。

8. 编程工具

编程工具是供用户进行程序的编制、编辑、调试和监视用的设备。编程器是最常用的编程工具之一。编程器有简易型和智能型两类。简易型的编程器只能联机编程，不能脱机使用，如手持型简易编程器往往需先将梯形图转化为机器语言助记符后才能输入，它一般由简易键盘和发光二极管或其他显示器件组成。不同品牌的 PLC 配备不同型号的专用手持式简易编程器，相互之间不能通用。手持式简易编程器方便系统进行现场调试和维修。手持式简易编程器与 PLC 的连接如图 2-11 所示。智能型的编程器又称图形编程器，它可以联机，也可以脱机编程，具有 LCD 或 CRT 图形显示功能，可以直接输入梯形图和通过屏幕对话。

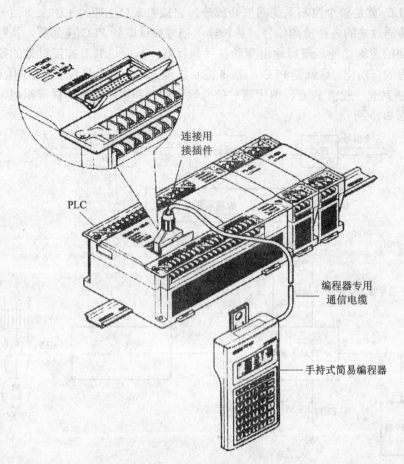

图 2-11　手持式简易编程器与 PLC 的连接

也可采用微机辅助编程，许多 PLC 厂家为自己的产品设计了计算机辅助编程软件，运用这些软件可以编辑、修改用户程序，监控系统的运行、打印文件、采集和分析数据、在屏幕上显示系统运行状态、对工业现场和系统进行仿真等。若要直接与可编程控制器通信，还要配备相应的通信电缆。

9. 智能单元

各种型号的 PLC 都有一些智能单元，它们一般都有自己的 CPU，具有自己的系统软件，能独立完成一项专门的工作。智能单元通过总线与主机相连，通过通信方式接受主机的管理。常用的智能单元有 A/D 单元、D/A 单元、高速计数单元、定位单元等。

10. 其他部件

PLC 还可配备盒式磁带机、EPROM 写入器、存储器卡等其他外部设备。

2.2.2　PLC 控制系统组成

1. PLC 控制系统

自动控制系统由两大部分组成：控制对象和控制装置。在由 PLC 作为控制器的自动控制系统中，PLC 就是整个控制系统的核心部分，它接收来自主控台上的主令信号及由现场的检测元件传送过来的各种检测信号。各种输入信号被读取到 PLC 内部后，执行逻辑部件组合后所达到的逻辑功能，最后输出驱动各种执行器，从而达到对被控对象的控制，实现整个生产过程的自动化。这就是 PLC 的基本控制原理。PLC 的控制系统方框图如图 2-12 所示。PLC 控制系统一般由 PLC、编程器、信号输入部件和输出执行部件等组成，其控制系统的组成如图 2-13 所示。

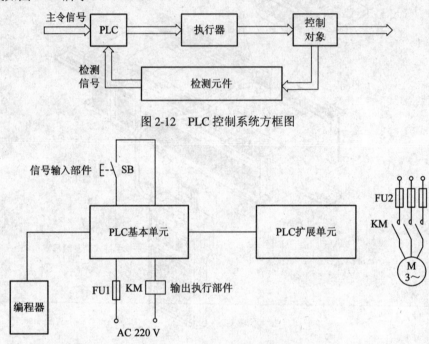

图 2-12　PLC 控制系统方框图

图 2-13　PLC 控制系统的组成

2. PLC 控制系统的类型

1) 由 PLC 构成的单机控制系统

PLC 构成的单机控制系统如图 2-14 所示。在由 PLC 构成的单机控制系统中，被控对象通常是单一的机器或生产流水线，控制器由一台 PLC 构成，一般不需要与其他 PLC 或计算机进行通信。但是，如果考虑将来系统升级需进行联网，则应当选用具有通信功能的 PLC。

图 2-14　单机控制系统

2) 由 PLC 构成的集中控制系统

由 PLC 构成的集中控制系统如图 2-15 所示。在由 PLC 构成的集中控制系统中，被控对象通常是数台机器或数条流水线，该系统的控制单元由单台 PLC 构成，每个被控对象与 PLC 指定的 I/O 相连。由于采用一台 PLC 控制，因此，各个被控对象之间的数据、状态不需要另外的通信线路。但是一旦 PLC 出现故障，整个系统将停止工作。对于大型的集中控制系统，通常采用冗余系统克服上述缺点。

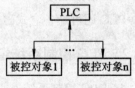

图 2-15　集中控制系统

3) 由 PLC 构成的分布式控制系统

当控制系统复杂、控制对象较多时，通常采用由 PLC 构成的分布式控制系统，如图 2-16 所示。在分布式控制系统中，系统的各个元器件分布在一个较大的区域内，相互之间比较远，而且被控对象之间经常需要进行数据和信息的交换。因此，该系统的控制器由采用多个相互之间具有通信功能的 PLC 构成。系统的上位机可以采用 PLC，也可以采用工控机。在管理层，上位机通常是微型计算机，可完成对下位机的监控和数据信息共享，同时可对系统所测数据完成存储、处理输入与输出、以图形或表格形式对现场进行动态模拟显示、分析限值或报警信息、驱动打印机实时打印各种图表等工作。

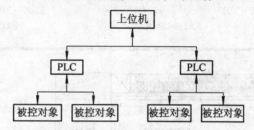

图 2-16　分布式控制系统

3. FX 系列 PLC 的型号及性能

从实际应用的角度看，FX 系列 PLC 的硬件一般由基本单元、扩展单元、扩展模块及特殊功能单元等组成。基本单元包括存储器、I/O 接口及电源，是 PLC 的主要部分；扩展单元是 FX 增加 I/O 点数的装置，内设电源；扩展模块是用于增加 I/O 点数和改变 I/O 点数比例的装置，内部无电源，其电源由基本单元或扩展单元供给。扩展单元和扩展模块无 CPU，必须与基本单元一起使用。PLC 还有特殊功能模块，是一些具有专门用途的装置，如位置控制模块、模拟量 I/O 模块、高速计数器模块和通信模块等。

FX 系列 PLC 是整体式和模块式相结合的叠装式结构，可以通过扩展组成不同规模的系统。FX0 是在 FX2 之后推出的一种小型的 PLC。现在日本三菱公司又相继推出了将众多功能凝集在超小型机壳内的 FX0N、FX1N、FX2N 系列 PLC。

FX 型号命名的基本方式表示如下：

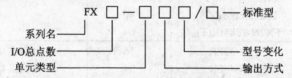

其中：I/O 总点数为 14～256；单元类型中，M 表示基本单元，E 表示扩展单元及扩展模块，E_X 表示扩展输入单元，E_Y 表示扩展输出单元；型号变化中，DS 表示 24 V(DC)，世界型，ES 表示世界型(晶体管型为漏输出)，ESS 表示世界型(晶体管型为源输出)；输出方式中，R 表示继电器输出，T 表示晶体管输出，S 表示晶闸管输出。

以 FX1N 系列 PLC 为例，说明 FX 系列 PLC 的连接方式如图 2-17 所示。图中包括一个 FX1N-60MR 型基本单元、一个 FX0N-40ER 型扩展单元、一个 FX0N-16EX 型扩展模块、一个 FX0N-8EYR 型扩展模块和一个 FX0N-232ADP 型特殊功能模块(RS-232 接口)。

FX 系列 PLC 的特殊功能单元常用的模拟量输入单元 FX-4AD，是一个 4 路 12 位 A/D 转换单元；模拟量输出单元 FX-2DA 是一个 2 路 12 位 D/A 转化单元；温度输入单元

FX-2DA-PT 是 2 路温度输入单元(内含 12 位 A/D),可直接与三线的铂电阻(PT100)连接;还有高速计数单元 FX-1HC 等。

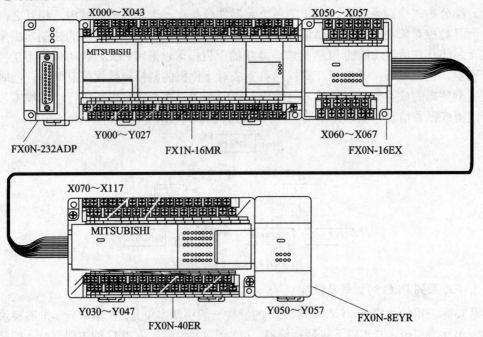

图 2-17 FX 系列 PLC 的连接方式

FX2N 系列 PLC 的基本单元、扩展单元和扩展模块的型号规格见表 2-1。

表 2-1 FX2N 系列 PLC 的型号规格

类型	型号	输入点数	输出点数
基本单元	FX2N-16MR(T)	8	8
	FX2N-24MR(T)	12	12
	FX2N-32MR(T)	16	16(继电器或晶体管输出)
	FX2N-48MR(T)	24	24
	FX2N-64MR(T)	32	32
	FX2N-80MR(T)	40	40
	FX2N-128MR(T)	64	64
扩展单元	FX2N-32ER	16	16(继电器输出)
	FX2N-48ER	24	24(继电器输出)
	FX2N-48ET	24	24(晶体管输出)
扩展模块	FX2N-8EX	8	—
	FX2N-16EX	16	—
	FX2N-8EYR	—	8(继电器输出)
	FX2N-8EYT	—	8(晶体管输出)
	FX2N-8EYS	—	8(晶闸管输出)
	FX2N-16EYR	—	16(继电器输出)
	FX2N-16EYT	—	16(晶体管输出)
	FX2N-16EYS	—	16(晶闸管输出)
	FX2N-8ER	4	4(继电器输出)

用 FX2N 的基本单元与扩展单元或扩展模块可构成 I/O 点数为 16～256 点的 PLC 系统。用扩展模块以 8 为单位增加输入/输出点数，也可只增加输入点数，或只增加输出点数，因此可以改变输入/输出点数的比例。

2.2.3　PLC 的输入/输出设备及外围装置

PLC 作为一种工业控制计算机，其外围硬件大致可分为外围器件、外围设备和 I/O 接口模块三类。PLC 的外围器件有按钮、开关、交流接触器、电磁阀、信号灯、传感器、变送器等；外围设备有编程器、打印机、可编程终端、条码机、IC 读卡机、变频器等；PLC 的 I/O 接口模块有模拟量输入/输出模块、温度模块、位置模块、高速计数模块、PID 模块、通信模块等。结合 PLC 的硬件结构组成，这里将介绍一些常用的外围器件。

1. 输入设备

1) 按钮

控制按钮是一种简单电器，用于发出手动控制信号，通常用来接通或断开小电流控制的电路，从而实现对其他电器的控制。按钮的结构原理图如图 2-18 所示，它由按钮帽、复位弹簧、桥式触头和外壳组成。当外力大于弹簧力时，触点动作，使得常闭触点先断开，常开触点闭合；反之，当外力小于弹簧力时，常开触点先断开，常闭触点再闭合。一般在使用时，红色为停止，绿色为启动或运行。按钮的图形符号和文字符号如图 2-19 所示。

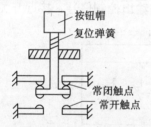

图 2-18　按钮的结构原理图

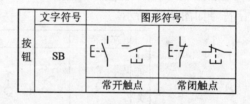

图 2-19　按钮的图形符号和文字符号

2) 限位开关

限位开关又称行程开关或位置开关，是一种控制电器。它是利用生产机械运动部件的碰撞，使其内部触点动作，分断或切换电路，从而控制生产机械行程、位置或改变其运动状态。因此，利用限位开关可以实现对机械运动物体的行程控制或限位保护，如限制机械运动的位置或行程，或使运动机械按一定位置或行程自动停止、反向运动或自动往返运动等。按照工作原理的不同，限位开关可分为机械式限位开关和电子式限位开关两种。

机械式限位开关由弹簧、动触点、静触点、顶杆、推杆等部分组成，其结构原理图如图 2-20 所示。它的工作原理和按钮相同，外力作用下触点动作，外力消失后复位；或保持此状态，反方向力量作用下再复位。限位开关与按钮的区别在于施加在触头

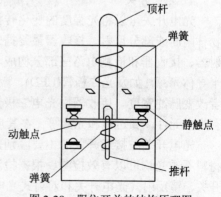

图 2-20　限位开关的结构原理图

系统的外力不是手指的按压，而是利用生产机械运动部件的挡块碰压而使触点动作。限位开关的图形符号和文字符号如图 2-21 所示。

	文字符号	图形符号	
限位开关	SQ		
		常开触点	常闭触点

图 2-21　限位开关的图形符号和文字符号

3) 接近开关

接近开关又称无触点行程开关，当某种物体与之接近到一定距离时就发出"动作"信号，它不需施以机械力。接近开关的用途已经远远超出一般的行程开关的行程和限位保护，它还可以用于高速计数、测速、液面控制、检测金属体的存在、检测零件尺寸、无触点按钮及用作计算机或可编程控制器的传感器等。

接近开关按工作原理可分为高频振荡型(检测各种金属)、永磁型及磁敏元件型、电磁感应型、电容型、光电型和超生波型接近开关等。常用的接近开关是高频振荡型接近开关，它由振荡、检测、晶闸管等部分组成。其工作原理是当运动部件上的金属物体接近高频振荡器的感应头(即振动器线圈)时，金属物体内部产生涡流损耗，使振荡回路的等效电阻变大，能量损耗增加，从而使振荡变弱，直至停止，于是开关输出控制信号。接近开关的图形符号和文字符号如图 2-22 所示。

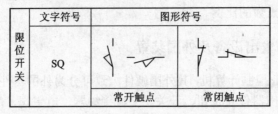

	文字符号	图形符号	
接近开关	SQ		
		常开触点	常闭触点

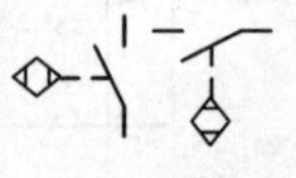

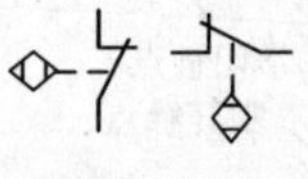

图 2-22　接近开关的图形符号和文字符号

接近开关工作稳定可靠、寿命长、重复定位精度高、动作迅速、操作频率高，因此在 PLC 控制系统中应用较多。

4) 光电开关

光电开关可以将光强度的变化转换成电信号的变化。它是根据发射器发出的光束，被物体阻断或部分反射，接收器最终据此作出判定反应。光电开关在一般情况下，通常由发射器、接收器和检测电路三部分构成。发射器对准目标发射光束，发射的光束一般来源于半导体光源，如发光二极管(LED)、激光二极管及红外发射二极管，光束不间断地发射，或者改变脉冲宽度。接收器由光电二极管、光电三极管和光电池组成。在接收器的前面，装有光学元件，如透镜和光圈等；在其后面是检测电路，它能滤出有效信号和应用该信号。

光电开关与接近开关的主要区别是接近开关只对金属材料起作用，而光电开关只要是材料不透光均可以有效检测。根据检测方式的不同，红外线光电开关可分为漫反射式光电开关、镜反射式光电开关和对射式光电开关等。

如图 2-23 所示，漫反射式光电开关是一种集发射器和接收器于一体的传感器。当有被检测物体经过时，光电开关发射器发射的足够量的光线被反射到接收器，于是光电开关就产生了开关信号。当被检测物体的表面光亮或其反光率极高时，漫反射式光电开关是首选的检测模式。

如图 2-24 所示，镜反射式光电开关也是一种集发射器和接收器于一体的传感器。光电开关发射器发出的光线经过反射镜，反射回接收器，当被检测物体经过且完全阻断光线时，光电开关就产生了检测开关信号。

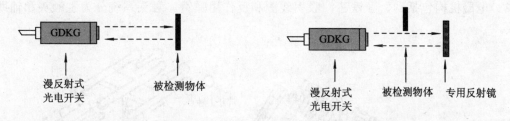

图 2-23　漫反射式光电开关　　　　　图 2-24　镜反射式光电开关

如图 2-25 所示，对射式光电开关包含在结构上相互分离且光轴相对放置的发射器和接收器，发射器发出的光线直接进入接收器。当被检测物体经过发射器和接收器之间且阻断光线时，光电开关就产生了开关信号。当检测物体是不透明时，对射式光电开关是最可靠的检测模式。

图 2-25　对射式光电开关

光电开关的应用如图 2-26 所示。

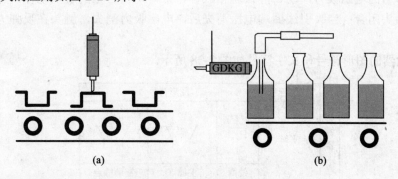

图 2-26　光电开关的应用

(a) 辨别物体倒置；(b) 液位控制

2. 输出设备

在自动控制系统中，PLC 与系统的被控对象之间有一个重要的环节，即执行装置。这些执行装置通常是继电器、接触器、电磁阀等。执行装置选择的好坏、合适与否直接影响到自动控制的质量和运行的安全。这里从实用的角度对一些常用的执行装置作以简单介绍。除了这些执行装置外，在 PLC 输出设备中还有一些指示灯及报警器等。

1) 接触器

接触器是一种用来频繁接通和断开电路的自动切换电器，主要控制对象是电动机。按线圈通过电流的种类不同，接触器可分为交流接触器和直流接触器，常用的是交流接触器。交流接触器的外形与结构原理图如图 2-27 所示，它主要由电磁机构和(主、辅助)触头系统组成。电磁机构包括动、静铁芯，吸引线圈和反作用弹簧。触头系统分为主触头和辅助触头。

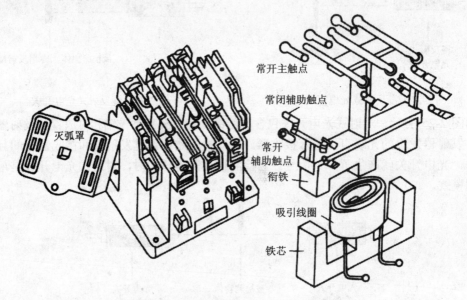

图 2-27 交流接触器的外形与结构原理图

交流接触器的工作原理是：当吸引线圈两端加上额定电压时，动、静铁芯间产生大于反作用弹簧弹力的电磁吸力，动、静铁芯相吸合，带动动铁芯上的触头动作，即常闭触头断开，常开触头闭合；当吸引线圈端电压消失后，电磁吸力消失，触头在反弹力的作用下恢复常态。

交流接触器的图形符号和文字符号如图 2-28 所示。

	文字符号	图形符号		
接触器	KM	线圈	主触点	辅助触点

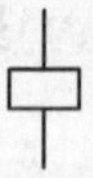

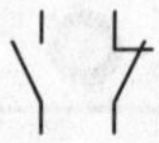

图 2-28 交流接触器的图形符号和文字符号

2) 控制继电器

继电器广泛应用于遥控、遥测、通信、自动控制、机电一体化及电力电子设备中，是最重要的控制元件之一。它实际上是用较小的电流去控制较大电流的一种具有隔离功能的

"自动开关"。继电器的结构和工作原理与接触器大致相同，都是根据外来电信号来实现对电路的控制和保护作用的自动切换电器。

中间继电器的图形符号和文字符号如图 2-29 所示。

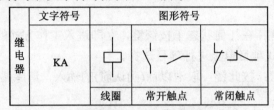

	文字符号	图形符号		
继电器	KA			
		线圈	常开触点	常闭触点

图 2-29　中间继电器的图形符号和文字符号

3. 编程器

编程器除了用来给 PLC 编程外，还可以用来监视 PLC 的工作状态。手持式编程器具有体积小、重量轻、价格低等特点。FX-20 型便携式编程器(HPP)通过 FX-20P-CAB 型电缆可与 FX 系列可编程控制器(PLC)相连接，它能联机操做，也能脱机操作，具有编程、编辑、监控、测试等功能。FX-20P 型便携式编程器的顶部有一个插座，可以连接 FX-20P-RWM 型 ROM 写入器，编程器底部的系统程序存储器卡盒用于更换系统程序。

FX-20P 型编程器的显示器为 4 行，每行 16 个字符。编程器内附有高性能的电容器，通电一小时后，在该电容器的支持下，RAM 内的信息可以保留三天。

1) FX-20P 型便携式编程器面板及各键的功能

FX-20P 型编程器面板上方是一个液晶显示器，它的下方有 35 个键，最上面一行和最右边一列为 11 个功能键，其余的 24 个键为指令键和数字键，其面板如图 2-30 所示。

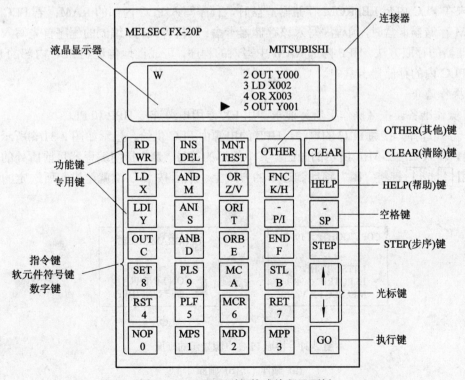

图 2-30　FX-20P 型便携式编程器面板

面板上各键的功能和操作如下：

(1) 功能键：包括读出/写入(RD/WR)、插入/删除(INS/DEL)、监测/测试(MNT/TEST)，各功能键交替作用(按一次时，选择左上方表示的功能；再按一次时，则选择右下方表示的功能)。

(2) 其他(OTHER)键：在任何状态下按该键，立即进入工作方式的选择。安装 ROM 写入器模块时，在脱机方式项目单上进行项目选择。

(3) 清除(CLEAR)键：按此键，取消以前(确认前)的输入，清除错误信息，恢复到原来的画面中。

(4) 帮助(HELP)键：显示应用指令一览表；监测功能时，进行十进制和十六进制的切换，起到键输入时的辅助功能。

(5) SP 键：空格键。

(6) 步序(STEP)键：设定步序号时按该键。

(7) 光标(↑、↓)键：移动行光标及提示符。

(8) 执行(GO)键：进行指令的确认、执行，显示后面画面的滚动以及再检索。

(9) 指令、软元件符号、数字键：它们都是双功能键，键的上部为符号指令，下部为软元件符号或数字。上、下部的功能对应于键操作进行，通常为自动切换。在下部符号中，Z/V、K/H、P/I 交替作用，反复按键时，可互相切换。

2) HPP 的工作方式

HPP 有联机(ONLINE)和脱机(OFFLINE)两种工作方式。

联机方式是一种由 HPP 对 PLC 用户存储器进行直接操作、存取的方法。在写入程序时，若未在 PLC 内装 EEPROM 存储器卡盒时，程序写入 PLC 内部的 RAM；若 PLC 装有 EEPRAM 存储器卡盒时，则程序写入该存储器卡盒。脱机方式时，编制的程序首先写入 HPP 内部存储器的存取方法。HPP 内部 RAM 中写入的程序，可成批地传送到 PLC 内部的 RAM 或装在 PLC 内的存储器卡盒中。

3) 操作简介

(1) 操作准备。按《操作手册》要求，用 FX 专用电缆连接 HPP 和 PLC。

(2) 方式选择。接通 PLC 的电源，HPP 的电源由 PLC 供给，显示如图 2-31(a)所示的画面 2 s 后，转入如图 2-31(b)所示的画面。其中闪烁的符号"■"指明编程器目前所处的工作方式。用 ↑ 或 ↓ 键将"■"移动到选中的方式上，然后按 GO 键就可进入所选定的编程方式。

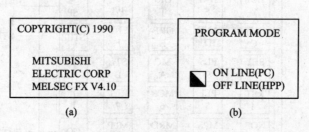

图 2-31 接通 PLC 电源显示的画面

(a) 画面 1；(b) 画面 2

按下 GO 键，进入联机方式。若依次按 ↓、GO 键，则进入脱机方式。

(3) 功能选择。各功能选择如图 2-32 所示。

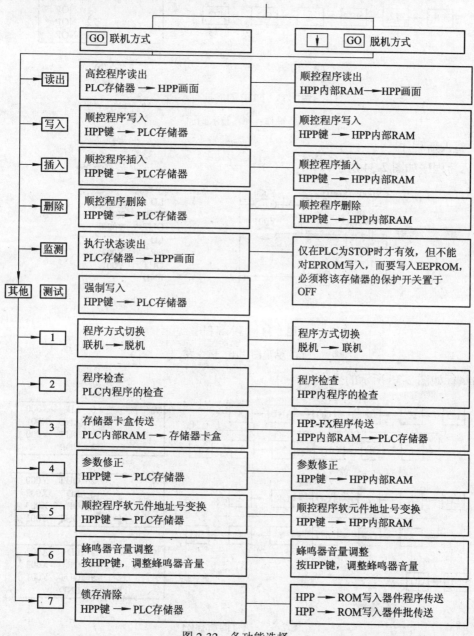

图 2-32 各功能选择

(4) 程序编写。

① 清除原程序。

在程序生成前，首先将 NOP 成批写入 PLC 内部的 RAM 存储器，抹去原来写入的全部程序，然后写入新程序。

NOP 的成批写入可采用如图 2-33(a)所示的操作，并确认显示画面是否如图 2-23(b)所示。

如果不是，再重新操作一遍。

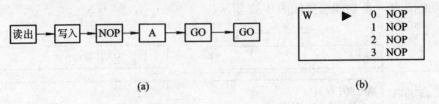

(a)　　　　　　　　　　　　　　　　　　(b)

图 2-33　NOP 的成批写入

(a) 操作；(b) 显示画面

② 写入新程序。

写入新程序如图 2-34 所示。

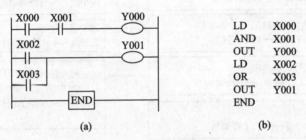

(a)　　　　　　　　　　　　(b)

图 2-34　写入新程序

(a) 梯形图；(b) 指令表

请执行如图 2-35 所示的操作。

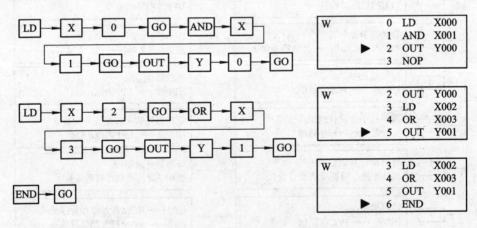

图 2-35　执行的新程序

③ 应用指令的输入。

在输入应用指令时，不能像输入基本指令那样使用软元件符号，应键入 FNC 键后，再输入应用指令编号。应用指令编号的输入有两种方法：直接输入编号或借助于 HELP 功能，由指令符号一览表检索编号，并进行输入。

程序写入完毕后，可用如图 2-36 所示的键操作读出程序，并进行检查。

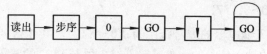

图 2-36 读出程序的操作

(5) 程序的编辑。

① 改写的步骤。改写的步骤如下：

❖ 根据步序号读出程序，或将行光标移到要改写的位置上。

❖ 按写入键后，依次写入指令、软元件号、常数等。

❖ 按 GO 键，写入指令。

② 插入的步骤。插入的步骤如下：

❖ 根据步序号读出相应的程序，或将行光标移到要插入的指定步的前面，无步序号的行不能指定。

❖ 按插入键，键入指令、软元件号、常数等。

❖ 按 GO 键，插入指令完成，以后各步的步序号将自动向后推。

③ 删除的步骤。删除的步骤如下：

❖ 根据步序号读出相应的程序，或将行光标移到要删除的指定步。

❖ 按删除键。

❖ 按 GO 键，删除行光标指定的指令，以后各步的步序号将自动前提。

(6) 软元件监测。软元件监测的步骤如下：

① 按监测、SP 键，键入软元件符号及地址。

② 按 GO 键，根据有无"■"标记，监视所键入软元件的 ON / OFF 状态，观察计数器、定时器、数据寄存器的当前值。

以上简单介绍了编程器的基本功能和操作，其功能远不止上述几点，详细功能和操作可见《使用说明书》。

2.2.4 PLC 的编程元件

不同厂家、不同系列的 PLC，其内部继电器的功能和编号也不相同。因此，用户在编写控制程序时，必须熟悉所选的 PLC 的每条指令所涉及的继电器的功能和编号，即要熟悉 PLC 的编程元件。PLC 的编程元件从物理实质上讲是电子电路及存储器。与继电器控制系统中的继电器相比，只注重这些软元件的功能，编程时可以像继电器电路中的一样使用它们。编程元件的编号实质上是存储单元的地址，通过编号可以区分它们的类型或功能。

FX2N 系列的 PLC 元件编号见表 2-2。FX2N 系列 PLC 的编程元件的编号分为两部分：第一部分是代表功能的字母，它表示编程元件类型，如 X 表示输入继电器，Y 表示输出继电器，M 表示内部辅助继电器，T 表示定时器，C 表示计数器，S 表示状态继电器，D 表示数据继电器等；第二部分是数字编号，即为该类器件的序号。通过编程元件的编号可以保证 PLC 的 CPU 能够准确地处理各种数据信息。输入继电器和输出继电器的地址编号均采用八进制，因此不存在诸如 8、9 这样的数值，其他所有元件按十进制编号。这些编程元件都可以提供无限多对常开、常闭触点，供编程时使用。

1. 输入继电器 X(X0～X177)

FX2N 系列 PLC 输入继电器的编号范围为 X0～X177，共 128 点。输入继电器是 PLC 用来接收用户设备发来的输入信号的元件。输入继电器与 PLC 的输入端相连，如图 2-37(a) 所示。编程时应注意，输入继电器的线圈必须由外部信号来驱动，不能在程序内部用指令来驱动。因此，在梯形图程序中输入继电器只有触点，而没有线圈。输入端子是 PLC 接收外部输入信号的窗口。PLC 通过光电耦合器，将外部信号对应的寄存器置为"1"状态，称为该输入继电器接通或动作。输入继电器有无数的常开触点和常闭触点。在梯形图中，可以任意使用输入继电器的常开触点和常闭触点。输入继电器的状态只能随外部输入状态而改变，不能通过程序来改变它。

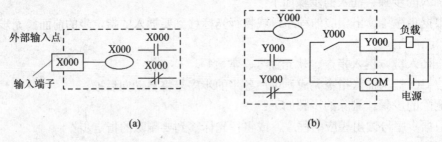

图 2-37　输入、输出继电器示意图

(a) 输入继电器等效电路；(b) 输出继电器等效电路

2. 输出继电器 Y(Y0～Y177)

输出继电器是 PLC 用来将输出信号传给负载的元件。输出继电器的外部输出触点接到 PLC 的输出端子上，如图 2-37(b)所示。外部信号无法直接驱动输出继电器，它只能在程序内部用指令驱动。输出端子是 PLC 向外部负载发送信号的窗口。输出继电器的外部输出可用触点(继电器触点、可控硅、晶体管等输出元件)在 PLC 内部与输出继电器相连。每一个输出继电器有无数的常开触点和常闭触点，在梯形图中可以任意使用。

输入、输出继电器的编号是基本单元固有的地址号，可以按照这些地址号相连的顺序给扩展设备分配地址号。

表 2-2　FX2N 系列 PLC 元件编号一览表

输入继电器 X	FX2N-16M 8 点 X0～X7	FX2N-24M 12 点 X0～X13	FX2N-32M 16 点 X0～X17	FX2N-48M 24 点 X0～X27	FX2N-64M 32 点 X0～X37	FX2N-80M 40 点 X0～X47	带扩展 128 点 X0～ X177	输入、输出合计 256 点
输出继电器 Y	FX2N-16M 8 点 Y0～Y7	FX2N-24M 12 点 Y0～Y13	FX2N-32M 16 点 Y0～Y17	FX2N-48M 24 点 Y0～Y27	FX2N-64M 32 点 Y0～Y37	FX2N-80M 40 点 Y0～Y47	带扩展 128 点 Y0～ Y177	

续表

辅助继电器 M	M0～M499 500 点 通用	M500～M1023 (B/U) 通信用 524 点　保持用			M8000～M8255 256 点 特殊用
		主站→从站	从站→主站		
		M800～M899	M900～M999		
状态继电器 S	S0～S499　500 点通用			S500～S899(B/U) 400 点 保持用	S900～S999(B/U) 100 点 故障诊断用
	初始	返回原点			
	S0～S9	S10～S19			
定时器 T	T0～T199　200 点 100 ms 子程序用 T192～T199	T200～T245 46 点 10 ms		T246～T249(B/U) 4 点 1 ms 积算	T250～T255(B/U) 6 点 100 积算
计数器 C	16 bit 加数器		32 bit 可逆计数	32 bit 高速可逆计数器，最大 6 点		
	C0～C99 100 点	C100～C199 100 点 (B/U)保持用	C200～C219 20 点 C220～C234	15 点 (B/U) 保持用	(B/U) C235～C245 1 相 1 输入	(B/U) C226～C250 1 相 2 输入	(B/U) C251～C255 2 相输入
数据寄存器 D/V/Z	D0～D199 200 点 通用	通信用 D200～D511 312 点保持用(B/U)		D1000～D2999 2000 点(B/U) 文件寄存器	D8000～ D8255 256 点 特殊用	V/Z 2 点 变址用
		主站→从站	从站→主站			
		D490～D499	D500～D509			
嵌套指针	N0～N7 8 点 主控用	P0～P63 64 点 跳转，子程序用分支指针		10～15 6 点 输入中断指针		16～18 3 点 时钟中断指针
常数	K	16 bit：−32 768～+32 767		32 bit：−2 147 483 648～2 147 483 647		
	H	16 bit：0～FFFFH		32 bit：0～FFFFFFFFH		

注：① 标有(B/U)标志的元件是由锂电池保持的。

② T、C 在不作为定时器时，计数器使用时可用作数据寄存器，这样使用时 C200～C255 间的各点对应于 32 bit 寄存器。

3. 辅助继电器 M

辅助继电器 M 的编号按十进制数分配。PLC 内部有很多辅助继电器，每个辅助继电器都有无限多对常开、常闭触点，供编程使用。辅助继电器的功能由软件实现，其线圈只能由程序驱动，作用相当于继电器控制电路中的中间继电器。辅助继电器不和 PLC 外部的输入/输出接线端子相对应，与外部设备无关，所以辅助继电器不能直接驱动外部负载。辅助继电器往往用作状态暂存、位移运算或具有一些特殊功能，因此可分为通用辅助继电器、断电保持辅助继电器和特殊辅助继电器三种(见表 2-3)，它们具有各种特殊的功能。

表 2-3 FX 系列 PLC 辅助继电器元件编号

PLC 机型	通用辅助继电器	断电保持辅助继电器	特殊辅助继电器
FX1S 系列	M0～M383 384 点	M384～M511 128 点	M8000～M8255 256 点
FX1N 系列	M0～M383 384 点	M384～M511 1152 点	M8000～M8255 256 点
FX2N 系列 FX2NC 系列	M0～M499 500 点	M500～M3071 2572 点	M8000～M8255 256 点

(1) 通用辅助继电器 M0～M499(500 点)：按十进制编号，在编程中起辅助作用，M0～M499，共有 500 点(除输入、输出继电器外，其他所有元件按十进制编号)。

(2) 断电保持辅助继电器 M500～M1023(524 点)：由 PLC 内装后备电池支持，所以在电源中断时能保持它们原来的状态不变，可用于要求保持断电前状态的控制系统。

(3) 特殊辅助继电器 M8000～M8255(256 点)：各自具有特定的功能，可以分为以下两类。

① 触点利用型特殊辅助继电器。触点利用型特殊辅助继电器的线圈由 PLC 自动驱动，用户只利用其触点。如图 2-38 所示，M8000 为运行监控用，当 PLC 执行用户程序时，M8000 为 ON，停止执行时，M8000 为 OFF；M8002 为初始化脉冲，M8002 仅在 M8000 由 OFF 变为 ON 状态时的 1 个扫描周期内为 ON，可以用 M8002 的常开触点来使有断电保持功能的元件初始化复位，或给某些元件置初始值；M8012 为产生 100 ms 时钟脉冲的特殊辅助继电器。

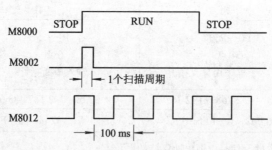

图 2-38 M8000、M8002、M8012 波形图

② 驱动线圈型特殊辅助继电器。驱动线圈型特殊辅助继电器用于驱动其线圈，使 PLC 作特定动作。例如：M8030 为锂电池电压指示灯特殊继电器，当锂电池电压跌落时，M8030 动作，指示灯亮；M8033 为 PLC 停止时输出保持特殊辅助继电器；M8034 为禁止全部输出，但程序仍然正常执行的特殊辅助继电器；M8039 为定时扫描特殊辅助继电器。

注意：未定义的特殊继电器不可在用户程序中使用。

4. 状态继电器 S

状态继电器 S 是编制步进控制顺序中使用的重要元件，用以表达动作所进行的"步"。它与步进指令 STL 配合使用，编程十分方便。

通常状态继电器有下列五种类型：

(1) 初始状态继电器：S0～S9，共 10 点。在顺序控制功能图(状态转移图)中，当使用 IST(初始化状态功能)指令时，它供初始状态使用。

(2) 回零状态继电器：S10～S19，共 10 点。在多运行模式控制中，它指定为返回原点的状态。

(3) 通用状态继电器：S20～S499，共 480 点。它没有断电保持功能，在顺序控制功能图中，指定为中间工作状态。

(4) 失电保持状态继电器：S500～S899，共 400 点。它在断电时依靠后备锂电池供电来保持，用于来电后继续执行停电前状态的场合。

(5) 报警用状态继电器：S900～S999，共 100 点。它可作为报警组件使用。在使用应用指令 ANS(信号报警器置位)、ANR(信号报警器复位)时，可用作外部故障诊断输出。报警用状态继电器为失电保持型。

FX 系列 PLC 状态继电器元件编号见表 2-4。

表 2-4　FX 系列 PLC 状态继电器元件编号

PLC 机型	通用	失电保持用	初始化用	IST 指令时的回零用	报警用
FX1S 系列		S0～S127 128 点	S0～S9 10 点	S10～S19 10 点	—
FX1N 系列		S0～S999 1000 点	S0～S9 10 点	—	
FX2N、FX2NC 系列	S20～S499 480 点	S500～S899 400 点	S0～S9 10 点	S10～S19 10 点	S900～S999 100 点

状态继电器 S 的常开、常闭触点在 PLC 内可以自由使用，且使用次数不限。状态继电器不作"步"使用时，状态继电器 S 可以作为普通辅助继电器 M 使用，并且具有失电保持功能，或用作信号继电器，用于外部故障诊断。

5. 数据寄存器(D)

数据寄存器用 D 表示，它是用来存储数值数据的软组件。PLC 在进行输入/输出处理、模拟量控制、位置控制时，需要用许多数据寄存器来存储数据和参数。每一个数据寄存器都是 16 位，32 位数据可用两个数据寄存器合并起来存放。例如，用 D0 和 D1 存储双字时，D0 存放低 16 位，D1 存放高 16 位。数据寄存器数值的读出与写入一般采用应用指令完成。

数据寄存器主要分为通用数据寄存器、断电保持数据寄存器、特殊数据寄存器、文件寄存器、变址寄存器和外部调整寄存器。

(1) 通用数据寄存器 D0～D199(200 点)：将数据写入通用数据寄存器之后，其值将保持不变，直到下一次被改写。当 PLC 由运行(RUN)状态进入到停止(STOP)状态时，所有的通用数据寄存器的值都置 0(即全部数据均清零)。但是，当特殊辅助继电器 M8033 置 1 时，PLC

若由运行(RUN)状态进入到停止(STOP)状态，则通用数据寄存器的值将保持不变。

(2) 断电保持数据寄存器 D200～D511(312 点)：在 PLC 由运行(RUN)状态进入到停止状态(STOP)时，寄存器内的数值保持不变。只要不改写，原有的数据就不会丢失。利用参数设定，可以改变断电保持寄存器的范围。当断电保持寄存器用作一般用途时，要在程序的起始步采用 RST 或 ZRST 指令清除其内容。

(3) 特殊数据寄存器 D8000～D8255(256 点)：通过写入特定目的的数据(如备用锂电池的电压、扫描时间和正在动作的状态的编号等)，或事先写入特定的内容，控制和监控 PLC 内部各元件的运行方式或工作方式。特殊数据寄存器的内容在 PLC 电源接通时被置于初始值(先全部清零，然后由系统 ROM 安排写入初始值)，如 D8000 所存的警戒监视时钟的时间由系统 ROM 设定，当警戒监视时钟的时间有改变时，用传送指令将目的时间送入 D8000，该值在 PLC 由 RUN 状态到 STOP 状态时保持不变。对于未定义的特殊数据寄存器，用户不能使用。

(4) 文件寄存器 D1000～D2999(2000 点)：是一类专用数据寄存器，用于存储大量的数据，例如采集数据、统计计算数据、多组控制参数等。文件寄存器以 500 点为单位，可被外部设备存取。文件寄存器与锁存寄存器重叠，数据不会丢失。FX 系列 PLC 的文件寄存器可以通过块传送指令来改写其内容。

(5) 变址寄存器(V/Z)：和通用数据寄存器一样，是进行数值数据读、写的 16 位数据寄存器，主要用于运算操作数地址的修改。这种变址寄存器除了和普通的数据寄存器有相同的使用方法外，在应用指令的操作数中，还可以同其他的软元件或数值组合使用。在进行 32 位数据运算时，要用指定的 Z0～Z7 和 V0～V7 组合来修改运算操作数地址，指定 Z 为低位，即(V0，Z0)、(V1，Z1)、…、(V7，Z7)。

(6) 外部调整寄存器：FX1S、FX1N 系列 PLC 的外部调整寄存器为 D8030 和 D8031。在 FX1S、FX1N 系列 PLC 的外部有 2 个小电位器，这 2 个小电位器常用来修改定时器的时间设定值。通过调整小电位器，可以改变 D8030 和 D8031 的值(0～255)，以此来修改定时器设定值。

6. 指针(P/I)

指针与跳转、中断程序和子程序等指令一起使用，是跳转和中断等程序的入口地址。指针(P/I)包括分支和子程序用的指针(P)及中断用的指针(I)。其中，中断用的指针(I)又分为输入中断用、定时器中断用和计数器中断用 3 种，其地址号采用十进制数分配。

7. 常数(K/H)

常数在 PLC 中也作为元件看，它在 PLC 的存储器中占有一定的空间。十进制常数用 K 表示，16 位常数的范围为 –32 768～32 767，32 位常数的范围为 –2 147 483 648～2 147 483 647。十六进制常数用 H 表示，16 位常数的范围为 0～FFFF，32 位常数的范围为 0～FFFFFFFF。如 18 用十进制表示为 K18，用十六进制表示为 H12。

2.2.5　PLC 循环扫描工作原理

1. PLC 的工作方式及扫描周期

PLC 是以周期循环的扫描方式进行工作的。在每一个扫描周期内，PLC 都将程序语句按顺序逐条执行一遍，任一时刻只能执行一条指令，直到 END 指令结束，然后再从头开始执行，并周而复始地重复，直到停机或从运行(RUN)切换到停止(STOP)工作状态，完成一个扫描周期后紧接着又进入下一个扫描周期。因此，PLC 的工作过程是周期循环的扫描过程。这就是说，PLC 是以"串行"方式工作的。相应地可理解为，如果一个输出线圈或逻辑线圈被接通或断开，则该线圈的所有触点(包括其常开或常闭触点)不会立即动作，必须等扫描到该触点时才会动作。与继电器控制系统比较，继电器控制装置则采用的是硬逻辑并行运行的方式，即如果这个继电器的线圈通电或断电，则该继电器在控制线路中的所有触点(包括其常开或常闭触点)都会立即同时动作。继电器控制装置的各类触点的动作时间一般在 100 ms 以上，而 PLC 扫描用户程序的时间一般均小于 100 ms。由于 PLC 执行程序的速度很快，因此从实际控制效果看，往往会使初学者误以为 PLC 也是"并行"工作的。

　　PLC 的扫描可按固定扫描顺序进行，也可按用户程序规定的可变顺序进行。小型 PLC 控制系统通常采用固定扫描顺序，大、中型 PLC 控制系统采用可变扫描顺序。采用可变扫描顺序可缩短扫描周期和提高控制的实时响应性。

　　图 2-39 描述了 PLC 在一个扫描周期内的工作过程，即要经历自诊断、通信、输入采样、执行用户程序、输出刷新等阶段。PLC 扫描周期的典型值为 1～100 ms，指令执行所需的时间与用户程序的长短、指令的种类和 CPU 执行速度有很大关系，PLC 厂家一般给出每执行 1 K(1 K=1024)条基本逻辑指令所需的时间(以 ms 为单位)。某些厂家在说明书中还给出了执行各种指令所需的时间。一般 PLC 的扫描时间为几十毫秒，在输入采样和输出刷新阶段只需 1～2 ms。作公共处理也是在瞬间完成的，所以扫描时间的长短主要由用户程序来决定。

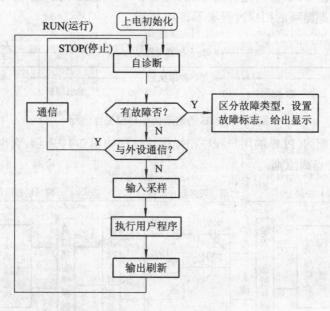

图 2-39　PLC 的工作过程

2. PLC 的工作过程

　　PLC 的工作过程是按顺序循环扫描的过程，通电后在系统程序的监控下，周而复始地按一定的顺序对系统内部的各种任务进行查询、判断和执行。

(1) 初始化。PLC 上电后，首先进行系统初始化，清除内部继电器、复位定时器等。

(2) CPU 诊断。在每个扫描周期都要进入自诊断阶段，对电源、PLC 内部电路、用户程序的语法进行检查，定期复位监控定时器等，以确保系统可靠运行。

(3) 通信信息处理。在每个通信信息处理扫描阶段，都要对 PLC 之间、PLC 与计算机之间及 PLC 与其他带微处理器的智能装置之间进行通信检查，在多处理器系统中，CPU 还要与数字处理器交换信息。

(4) PLC 与外部设备交换信息。PLC 与外部设备连接时，在每个扫描周期内都要与外部设备交换信息。这些外部设备有编程器、终端设备、彩色图像显示器、打印机等。

(5) 执行用户程序。PLC 在运行状态下，每一个扫描周期都要执行用户程序。执行用户程序时，按顺序逐句执行，扫描一条指令就执行一条指令，并把运算结构存入输出状态暂存器中的对应位中。

(6) 输入、输出信息处理。在运行状态下，每一个扫描周期内 PLC 都要进行输入、输出信息处理。以扫描方式把外部输入信号的状态存入输入状态暂存器中，将运算处理后的结果存入输出状态暂存器中，直接传送到外部被控设备。

3. PLC 的用户程序循环扫描过程

在一个扫描周期内，可编程控制器的用户程序扫描工作过程分三个阶段进行，依次为输入采样阶段、用户程序执行阶段和输出刷新阶段。结合 PLC 自身工作的特点，PLC 在一个工作过程内常完成上述三个阶段所需的时间可以称为 PLC 的一个扫描周期。在 PLC 的整个运行期间，PLC 的 CPU 以一定的扫描速度重复执行上述三个阶段，即以周期循环的扫描方式工作，这种周期循环的扫描过程如图 2-40 所示。

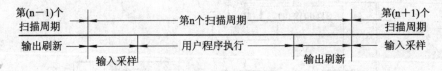

图 2-40　PLC 的周期循环扫描工作过程

在一个扫描周期内，PLC 的用户程序扫描工作过程如图 2-41 所示，它也同时说明了 PLC 输入/输出处理的特点或原则。

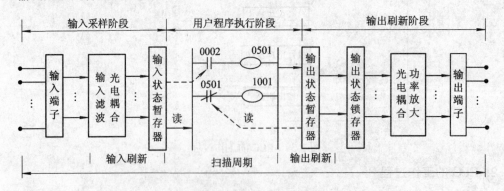

图 2-41　PLC 的用户程序扫描工作过程

1) 输入采样阶段

PLC 首先扫描所有输入端子，并将从各输入端子读到的信息经过输入滤波和光电耦合处理后，存入内存中各对应的输入状态暂存器内。接着进入用户程序执行阶段或输出阶段，输入状态暂存器与外界隔离，无论信号如何变化，该次扫描周期内的内容保持不变，直到下一个扫描周期的输入采样阶段才重新写入输入端的新内容。

2) 用户程序执行阶段

在程序扫描阶段，根据 PLC 梯形图程序扫描原则，PLC 按照先左后右、先上后下的顺序逐条扫描程序语句，或者确定是否要执行该梯形图所规定的特殊功能指令。在程序执行过程中，当涉及输入、输出状态时，PLC 要从输入状态暂存器中"读入"上一阶段采入的对应输入端子的状态；从输出状态暂存器中"读入"对应的输出暂存器的当前状态。然后进行相应运算，运算结果又存入输出状态暂存器中。对输出状态暂存器中的内容而言，只取决于输出指令的执行结果，其内容会随着程序执行过程的变化而变化。

3) 输出刷新阶段

用户程序执行完毕后，PLC 的扫描进入输出刷新阶段。输出状态暂存器中的所有继电器的状态(ON/OFF)在输出刷新阶段转存到输出锁存器中，再通过光电耦合及输出功率放大器输出，驱动外部负载。这时才是 PLC 的真正输出。输出状态锁存器中的数据由上次输出刷新期间输出状态暂存器中的数据决定。输出端子的状态由输出状态锁存器决定。

2.2.6　PLC 的等效电路和性能指标

1. PLC 的等效电路

PLC 由输入部分、逻辑部分和输出部分三部分组成，其中输入部分对输入信号的采集和输出部分的信号输出以驱动执行部件与继电器控制系统相同。逻辑部分也就是 PLC 的内部控制电路，它是由编程实现的逻辑电路，是用软件编程代替了继电器功能。对于使用者来说，在编写程序时，可以把 PLC 看成是内部由许多软继电器组成的控制器，用近似继电器控制线路的编程语言进行编程。因此从功能看，可以把 PLC 的控制部分看做是由许多软继电器组成的等效电路。对这种等效电路的分析和理解也反映了 PLC 的工作过程。

根据 PLC 的工作过程，其等效电路也可分为三部分：输入回路、内部控制电路和输出回路。

1) 输入回路

输入回路由外部输入电路、PLC 输入接线端子(COM 是输入公共端)和输入继电器组成。输入回路所使用的电源，可以用 PLC 内部提供的 24 V 直流电源(其带载能力有限)，也可由 PLC 外部的独立的交流或直流电源供电。

输入继电器线圈是由 PLC 输入接线端子对应的外部输入信号去驱动的。每个输入继电器都与编号相同的输入端子唯一对应，并且可提供任意多个常开和常闭触点，供 PLC 内部控制电路编程使用。输入继电器的工作状态反映了对应输入端子有无输入信号。当外部的输入元件处于接通状态时，输入端子就有信号送入，对应的输入继电器"得电"(注意：这个输入继电器是 PLC 内部的"软继电器"，就是在前面介绍过的存储器基本单元中的某一位)，否则是"失电"。某一个输入继电器的线圈的"得电"，实质上就是通过对应输入接线端子将外部输入元件的接通状态写入到与其相应的存储单元中去。

需要强调的是，输入继电器的线圈只能由来自现场的输入元件(如控制按钮、行程开关的触点、晶体管的基极-发射极电压、各种检测及保护器件的触点或动作信号等)驱动，而不能用编程的方式去控制。因此，在梯形图程序中，只能使用输入继电器的触点，不能使用输入继电器的线圈。

2) 内部控制电路

编写的用户程序相当于继电器控制系统的控制电路，就是用"软继电器"来代替硬继电器的控制逻辑，即 PLC 的内部控制电路。它的作用是按照用户程序规定的逻辑关系，对输入信号和输出信号的状态进行检测、判断、运算和处理，然后得到相应的输出。

一般用户程序是用梯形图语言编制的，它看起来很像继电器控制线路图。如系统需要延时，可由 PLC 提供的定时器来完成。延时时间可根据需要在编程时设定，其定时精度及范围远远高于时间继电器。在 PLC 中还提供了计数器、辅助继电器(相当于继电器控制线路中的中间继电器)及某些特殊功能的继电器。PLC 的这些器件所提供的逻辑控制功能，可在编程时根据需要选用，且只能在 PLC 的内部控制电路中使用。

3) 输出回路

输出回路由在 PLC 内部且与内部控制电路隔离的输出继电器的外部常开触点、输出接线端子(COM 是输出公共端)和外部驱动电路组成，主要作用是驱动外部负载。PLC 的内部控制电路中有许多输出继电器，每个输出继电器除了有为内部控制电路提供编程用的任意多个常开、常闭触点外，还为外部输出电路提供了一个实际的常开触点与输出接线端子相连。驱动外部负载电路的电源必须由用户提供，电源种类及规格可根据负载要求去配电，只要在 PLC 允许的电压范围内即可。

如图 2-42 所示，通过一个实例对 PLC 等效电路作如下分析。

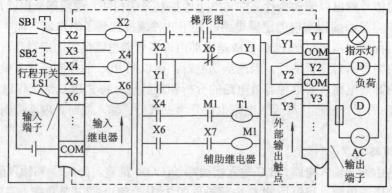

图 2-42　PLC 的等效电路

当按下按钮 SB1 时，输入端子 X2 有信号输入，则输入继电器 X2 线圈得电。

当输入继电器 X2 线圈得电时，梯形图程序中的常开触点 X2 闭合，则输出继电器 Y1 线圈得电。

当输出继电器 Y1 线圈得电时，梯形图程序中的常开触点 Y1 和外部输出触点 Y1 都闭合，外部输出触点 Y1 的闭合使输出端子 Y1 有信号输出，驱动指示灯亮。

当按钮 SB1 断开时，输入继电器线圈 X2 失电，其对应的常开触点 X2 断开，而输出继电器 Y1 因为梯形图中 Y1 的常开触点已经闭合而保持接通，这是自保持功能。

当行程开关 LS1 接通时，引起输入继电器 X6 线圈接通，梯形图中的常闭触点 X6 断开，使得输出继电器 Y1 线圈失电，外部输出触点 Y1 断开，输出端子 Y1 无信号输出，指示灯灭。

由上面分析过程可以看出，若对 PLC 的等效电路进一步简化，则其输入电路可等效为一个输入继电器的线圈，输出电路可等效为继电器的一个常开触点。

2. PLC 的性能指标

1) 用户存储器容量

PLC 中的用户存储器由用户程序存储器和数据存储器组成。该存储器的容量大，可以编制出复杂的程序。一般说来，小型机的用户存储器容量为几千字，而大型机的用户存储器容量为几万字。

2) 输入/输出(I/O)点数

输入/输出(I/O)点数是 PLC 可以接受的输入开关信号和输出开关信号的总和，也就是 PLC 主机上连接输入、输出信号用的接线端子的个数，常称为"点数"。I/O 点数表示输入点数和输出点数之和。I/O 点数越多，表示 PLC 所能连接的外部器件(设备)的个数也就越多，控制规模也就越大。因此，通常用 I/O 点数来表示 PLC 规模的大小。

3) 模/数和数/模通道数

模/数转换和数/模转换的通道数为输入和输出的模拟量总和。

4) 扫描速度

扫描速度是指 PLC 扫描 1 KB 用户程序所需的时间，通常以 ms/KB 为单位。扫描速度越快，说明 PLC 执行程序的速度也越快。

5) 指令数量和功能

用户编制的程序所完成的控制任务取决于 PLC 指令的多少。指令的功能越多，编程越简单和方便，越可以完成复杂的控制任务。编程指令个数和种类的多少反映了 PLC 的处理能力和控制能力的强弱。

6) 内部寄存器的配置及容量

在编制 PLC 程序时，需要用到大量的寄存器来存放变量、中间结果、保持数据、定时计数、模块设置和各种标志位等信息。这些寄存器的多少直接关系到用户程序编写时是否方便灵活。

7) 特殊功能单元

特殊功能单元的种类多，也说明 PLC 的功能多。例如，有模糊控制单元，就说明 PLC 具有模糊控制能力。不同档次和种类的 PLC，具有的特殊功能相差很大。特殊功能单元越多，PLC 的系统配置、软件开发就越灵活方便，PLC 的适应性也就越强。

8) 可扩展性

在选择 PLC 时，需要考虑 PLC 的可扩展性。可扩展性包括如下内容：

① 输入/输出点数的扩展；

② 存储容量的扩展；

③ 联网功能的扩展；

④ 可扩展的模块数。

另外，除上述的几个主要指标外，PLC 的电源、编程语言和编程器、通信接口类型等也是不容忽视的技术指标。

2.2.7 定时器与计数器指令

FX 系列 PLC 定时器、计数器没有专用的指令，定时器、计数器输出仍使用 OUT 指令。但定时器、计数器输出指令在 OUT 后除了应带有定时器、计数器的编号(地址)外，还需要标明定时或计数的设定值。设定值为整数，可直接指定，也可以间接指定(给出存储设定值的存储器地址)。在定时器中，设定最大值为 16 位二进制数对应的十进制数值。计数器中的设定值为计数值，最大值为 16 位或 32 位二进制数对应的十进制数值。

1. 定时器 T

定时器在 PLC 中的作用相当于一个时间继电器。它有一个设定值寄存器(用于存放定时器的设定值 SV(Set Value))和一个当前值寄存器(用于存放定时器的当前值 PV(Present Value))以及无限个触点。通常 PLC 中有几十至数百个定时器 T。PLC 内的定时器元件根据时钟脉冲累积计时，时钟脉冲有 1 ms、10 ms、100 ms 三种，它们也称为定时器的定时单位或定时精度。当定时器的工作条件满足，且当前值等于设定值时，定时器线圈得电，其输出触点动作。定时器可以用用户程序存储器内的常数 K 作为设定值，也可以用数据寄存器 D 的内容作为设定值，这里使用的数据寄存器应有断电保持功能。定时器的定时时间等于设定值与定时单位的乘积。定时器的元件编号、设定值以及定时精度通常称为定时器的三要素。定时器的元件编号、设定值和动作叙述如下：

1) 通用定时器 T0～T245

100 ms 定时器有 T0～T199，共 200 点，其定时范围为 0.1～3276.7 s；10 ms 定时器有 T200～T245，共 46 点，其定时范围为 0.01～327.67 s。

图 2-43 所示的是通用定时器的工作原理图。当驱动输入 X0 接通时，定时器 T200 的当前值计数器对 10 ms 时钟脉冲进行累积计数，当该值与设定值 K123 相等时，定时器的输出触点接通，即输出触点是在驱动线圈后的 123×0.01 s 时动作。驱动输入 X0 断开或发生断电时，定时器复位，输出触点也复位。定时器的复位是指定时器的当前值重新等于其设定值，此时定时器的输出为 OFF。

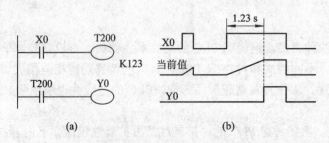

图 2-43　通用定时器的工作原理图

(a) 梯形图；(b) 波形图

2) 积算定时器 T246～T255

1 ms 积算定时器 T246～T249，共 4 点，其定时范围为 0.001～32.767 s；100 ms 积算定时器 T250～T255，共 6 点，其定时范围为 0.1～3276.7 s。

积算定时器在定时器的工作条件失去或 PLC 失电时，便停止计时，但当前值寄存器的内容及触点状态均可保持。由于积算定时器的当前值寄存器及触点都有记忆功能，因此其复位时必须在程序中加入专门的复位指令 RST。图 2-44 所示是积算定时器的工作原理图。

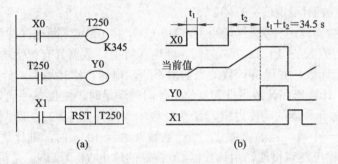

图 2-44　积算定时器的工作原理图

(a) 梯形图；(b) 波形图

当定时器的线圈 T250 的驱动输入 X0 接通时，T250 的当前值计数器开始累计 100 ms 的时钟脉冲的个数。当定时器的当前值与设定值 K345 相等时，定时器的输出触点接通。

当定时器的当前值为经过 t_1 时长的值时，由于定时器 T250 的驱动输入 X0 断电或复位，则定时器停止计数定时，但当前值寄存器内仍然保持记忆当前值，而不是置 0；当驱动输入 X0 得电或闭合时，则定时器 T250 在前面记忆的数值的基础上继续计数定时工作，直到再计时 t_2 时长时，定时器 T250 的当前值才会等于设定值，即累积时间为 $t_1 + t_2 = 0.1 \text{s} \times 345 = 34.5 \text{ s}$ 时，定时器的输出触点才动作。

当复位输入 X1 接通时，定时器 T250 复位，输出触点也复位。

表 2-5 为 FX 系列 PLC 定时器元件编号。FX1S 系列的定时器 T32～T62 为 100 ms 型定时器，但特殊辅助继电器 M8028 被程序驱动后变成 10 ms 型定时器，所以定时范围有两种。

表 2-5　FX 系列 PLC 定时器元件编号

PLC 机型	100 ms 非积算 0.1～3276.7 s	100 ms 非积算 0.1～3276.7 s 0.01～327.67 s	10 ms 非积算 0.01～327.67 s	1 ms 积算 0.001～3276.7 s	100 ms 积算 0.1～3276.7 s	电位器型 0～255 的数值
FX1S 系列	T0～T31 32 点	T32～T62 31 点	—	T31	—	内藏 2 点功能扩展板 8 点
FX1N 系列	T0～T199 200 点	—	T200～T245 46 点	T246～T249 4 点	T250～T255 6 点	
FX2N 系列、FX2NC 系列	T0～T199 200 点	—	T200～T245 46 点	T246～T249 4 点	T250～T255 6 点	功能扩展板 8 点

2. 计数器 C

计数器在程序中用作计数控制，它可分为内部计数器和高速计数器。普通计数器又称内部信号计数器，它是对在执行扫描操作内部元件(如 X、Y、M、S、T 和 C)的信号进行计数的计数器。因为其接通和断开时间应比 PLC 的扫描周期长，所以内部计数器是低速计数器。对高于机器扫描频率的信号进行计数，则用高速计数器。

1) 内部计数器

(1) 16 位加计数器(设定值：1～32 767)。

16 位加/减计数器有两种类型：通用型，C0～C99，共 100 点；断电保持型，C100～C199，共 100 点。其设定值 K 在 1～32 767 之间。断电保持型计数器具有记忆功能，即在电源中断时，计数器停止计数，并保持计数的当前值不变，电源再次接通后，计数器在当前值的基础上继续计数。计数器在计数条件和复位条件同时满足时，复位条件优先。

图 2-45 表示加计数器的动作过程。X2 为计数输入条件，当 X2 的工作状态由 OFF 变为 ON 时，计数器计一个数，当前值加 1；当计数输入达到 10 次时，则计数器的当前值变为 10，计数器 C0 的输出触点接通，由计数器 C0 控制的输出 Y0 为 ON。之后无论输入 X0 状态如何，计数器的当前值都保持不变，输出 Y0 一直为 ON。当复位输入 X1 接通时，计数器的当前值变为 0，输出触点 C0 断开。

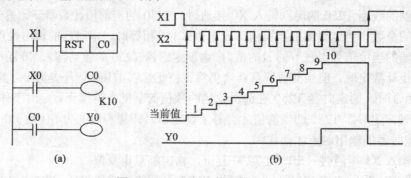

图 2-45　16 位加计数器的动作过程

(a) 梯形图；(b) 波形图

(2) 32 位双向计数器。32 位双向计数器是既可以设置为加计数又可以设置为减计数的计数器，计数值的设定范围为−2 147 483 648～+2 147 483 647。FX 系列 PLC 的 32 位双向加/减计数器也有通用型和断电保持型两种。

通用型计数器 C200～C219，共 20 点，作加计数或减计数时计数方向由特殊辅助继电器 M8200～M8219 设定。计数器与特殊辅助继电器一一对应，如 C212 对应 M8212。对于计数器，当对应的辅助继电器接通(置 1)时为减计数；当对应的辅助继电器断开(置 0)时为增计数。计数器的设定值可以直接用常数 K 或间接用数据寄存器 D 的内容作为设定值。间接设定时，要用元件号连在一起的 2 个数据寄存器，因为 2 个数据寄存器组成 32 位。

断电保持型计数器 C220～C234，共 15 点，其计数方向(加计数或减计数)由特殊辅助继电器 M8220～M8234 设定。工作过程与通用型 32 位加/减双向计数器相同，不同之处在于断电保持型 32 位加/减双向计数器断电时均能保持当前值和触点状态。

32 位双向计数器是循环计数。如果计数器的当前值在最大值+2 147 483 647 起再进行加计数,则当前值就成为最小值-2 147 483 648。同样,从最小值-2 147 483 648 起进行减计数,当前值就成为最大值+2 147 483 647(这种动作称为循环计数)。16 位增计数器与 32 位双向计数器的工作状态的区别是:16 位增计数器在达到计数设定值时计数器位置 1,计数值不再变化,在复位条件满足时复位(计数器位及计数当前值均置 0);32 位双向计数器在增计数达到设定值时计数器位置 1,在减计数达到设定值时计数器位置 0,在复位条件满足时复位。

32 位双向计数器增/减切换用特殊辅助继电器对照表如表 2-6 所示。计数器的计数信号输入元件与定时器计时工作输入条件的工作状态的区别就在于计时是连续信号而计数为断续信号,因而计数的复位必须用复位指令 RST。

表 2-6 32 位双向计数器增/减切换用特殊辅助继电器对照表

计数器号	方向切换	计数器号	方向切换	计数器号	方向切换	计数器号	方向切换
C200	M8200	C209	M8209	C218	M8218	C227	M8227
C201	M8201	C210	M8210	C219	M8219	C228	M8228
C202	M8202	C211	M8211	C220	M8220	C229	M8229
C203	M8203	C212	M8212	C221	M8221	C230	M8230
C204	M8204	C213	M8213	C222	M8222	C231	M8231
C205	M8205	C214	M8214	C223	M8223	C232	M8232
C206	M8206	C215	M8215	C224	M8224	C233	M8233
C207	M8207	C216	M8216	C225	M8225	C234	M8234
C208	M8208	C217	M8217	C226	M8226		

图 2-46 所示为 32 位双向计数器的动作时序。计数器 C212 的设定值为-2,计数方向由特殊辅助继电器 M8212 的通断决定。输入继电器 X0 决定了 C212 的计数方向,当输入继电器 X0 得电时,M8212 接通,C212 作减计数;当输入继电器 X0 失电时,M8212 断开,C212 作加计数。输入继电器 X1 用于 C212 的复位,X2 作为 C212 的计数输入条件。当计数器的当前值由-2→-3(减小)时,计数器的线圈失电,常开触点 C212 断开,Y0 没有输出;当计数器的当前值由-3→-2(增加)时,计数器的线圈得电,常开触点 C212 闭合,Y0 输出。当复位输入 X1 接通时,通过复位指令 RST 使得计数器 C212 复位,使计数器的当前值为 0,计数器线圈 C212 失电,其常开触点断开(复位),随之 Y1 停止输出。

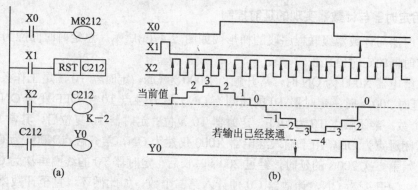

图 2-46 32 位双向计数器的动作过程

(a) 梯形图; (b) 波形图

表 2-7 为三菱 FX 系列 PLC 内部计数器元件编号。

表 2-7　FX 系列 PLC 内部计数器元件编号

PLC 机型	16 位增计数器 0~32 767		32 位双向计数器 −2 147 483 648~+2 147 483 647	
	通用	断电保持用	通用	断电保持用
FX1S 系列	C0~C15 16 点	C16~C31 16 点	—	—
FX1N 系列	C0~C15 16 点	C16~C199 184 点	C200~C219 20 点	C220~C234 15 点
FX2N 系列、 FX2NC 系列	C0~C99 100 点	C100~C199 100 点	C200~C219 20 点	C220~C234 15 点

2) 高速计数器

高速计数器用来对外部信号进行计数，工作方式按中断方式运行，与扫描周期无关。一般高速计数器均为 32 位双向计数器，最高计数频率可达 10 kHz。高速计数器除了具有普通计数器通过软件完成启动、复位、使用特殊辅助继电器改变计数方向外，还可以通过机外信号实现对其工作状态的控制，如启动、复位和改变计数方向。高速计数器除了具有普通计数器的达到设定值其触点动作这一工作方式外，还具有专门的控制指令，可以不通过本身的触点，以中断的工作方式直接完成对其他器件的控制。

三菱 FX 系列 PLC 的高速计数器元件编号为 C235~C255，共 21 点，它们共享 PLC 上 6 个高速计数器输入端（X0~X005）。当一个输入端被某个高速计数器占用时，这个输入端就不能再用于另一个高速计数器，也不能用作其他的输入，因此最多只能同时用 6 个高速计数器。X6、X7 也是高速输入，但只能用作启动信号，而不能用于高速计数器。高速计数器都具有断电保持功能，也可以利用参数设定为非断电保持型，不作为高速计数器使用的输入端可作为普通输入继电器使用，不作为高速计数器使用的高速计数器编号也可作为普通 32 位数据寄存器编号使用。

2.2.8　常用定时控制程序

1. 采用定时器与计数器实现的延时控制

使用定时器与计数器级联程序段的梯形图如图 2-47(a)所示。总定时时间应为计数器的计数值与定时器的定时值之积。

当输入继电器 X000 为 ON 时，常开触点 X000 为 ON，定时器 T0 满足工作条件，开始延时；T0 延时 200 s 时，定时器 T0 的线圈为 ON，常开触点 T0 由 OFF 变为 ON，计数器 C0 计第一个数；常闭触点 T0 为 OFF，定时器 T0 复位；定时器 T0 复位后，其常开触点 T0 为 OFF，常闭触点为 ON，由于输入继电器 X000 仍然为 ON，常开触点 X000 为 ON，于是定时器又开始第二次 200 s 的延时，经过 200 s 时长后，定时器 T0 的线圈再次为 ON，常开触点 T0 又由 OFF 变为 ON，计数器 C0 便计入第二个数。如此循环，直至计数器 C0 计满 400 个数时，计数器 C0 线圈为 ON，常开触点 C0 为 ON，输出继电器 Y000 为 ON。

可见当 X000 为 ON 时，计数器 C0 是每隔 200 s 计一个数，总共计满设定值 400 个脉冲数，实现了 200 s × 400 = 80000 s 的延时输出。当 X001 为 ON 时，C0 复位，Y000 复位。

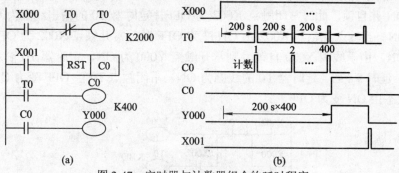

图 2-47　定时器与计数器组合的延时程序

(a) 梯形图；(b) 波形图

2. 两个计数器组合使用实现的定时控制

用一个计数器的输出作为另一个计数器的计数输入，通过计数器的组合(也称为计数器的级联)可以实现更长时间的延时控制。如图 2-48(a)所示的梯形图程序，其中 M8012 为产生 100 ms 时钟脉冲的特殊辅助继电器，以实现计数器 C0 每隔 0.1 s 计一个脉冲数。常闭触点 X000 在初始状态下对计数器 C0、C1 实现初始化。

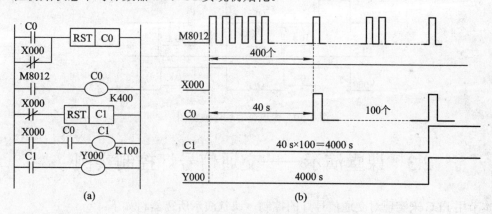

图 2-48　两个计数器组合的延时程序

(a) 梯形图；(b) 波形图

当 X000 为 ON 时，计数器 C0 开始计数，计满 400 个脉冲数时，C0 为 ON，常开触点 C0 由 ON 变为 OFF，计数器 C1 计入第一个数后，计数器 C0 复位；计数器 C0 开始重新计数，计满 400 个脉冲数时，计数器 C1 计入第二个数后，计数器 C0 复位；如此循环，直到计数器 C1 计满 100 个脉冲数后，计数器 C1 的线圈为 ON，常开触点 C1 为 ON，输出继电器 Y000 为 ON。

可见，当 X000 为 ON 时，计数器 C0 是每隔 0.1 s 计一个数，总共计满设定值 400 个脉冲数；计数器 C1 是每隔 400 s 计一个数，总共计满设定值 100 个脉冲数，将计数器 C0 的输出作为计数器 C1 的输入条件，通过计数器 C0 和 C1 的组合，实现了 0.1 s × 400 × 100 = 4000 s 的延时输出。

3. 失电延时程序

如图 2-49 所示梯形图，当输入继电器 X002 为 ON 时，常开触点 X002 为 ON，输出线圈 Y000 为 ON 并自锁，此时常闭触点 X002 为 OFF，定时器 T0 的输出线圈为 OFF，常闭触点 T0 为 ON。当输入继电器 X002 由 ON 变为 OFF 时，常开触点 X002 为 OFF，常闭触点 X002 为 ON，由于线圈 Y000 自锁，则常开触点 Y000 为 ON，定时器 T0 输入条件满足并开始延时，延时 5 s 后，定时器 T0 的线圈为 ON，常闭触点 T0 由 OFF 变为 ON，输出线圈 Y000 的状态由 ON 变为 OFF。

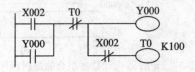

图 2-49　失电延时程序梯形图

该梯形图程序的执行过程可用波形图进行描述。波形图也叫做时序图。我们知道，线圈与触点只有 ON 和 OFF 两种工作状态，其中 ON 相当于"1"，OFF 相当于"0"，如果按时间变化顺序(即时序)，将线圈和触点的工作状态的变化描述出来，则这个图就称为时序图或波形图。在波形图中通常省略时间而不标出。该失电延时程序的波形图如图 2-50 所示。

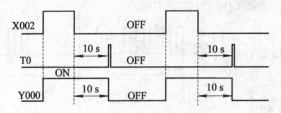

图 2-50　失电延时程序波形图

2.3　课堂演示——交通信号灯控制实例

本节用 PLC 来实现对交通信号灯的控制。课堂演示所需器材如下：

(1) PLC 8500 可编程控制器实验台；

(2) PLC 85007 交通信号灯演示装置；

(3) 手持型编程器 FX-20P-E；

(4) 适配电缆 FX-20P-CAB；

(5) 连接导线若干。

1. 交通信号灯控制要求

在城市中生活的人们每天都会见到交通信号灯。最简单的交通信号灯可用于十字交叉路口的交通管制。十字路口交通信号灯是按时间顺序动作的控制系统，在工业控制系统中这类系统也比较多。通过对其控制系统的设计，可以掌握时序控制环节和系统的设计方法。

十字路口交通信号灯控制要求如表 2-8 所示。

表 2-8 十字路口交通信号灯控制要求

东 西	信号灯	绿灯亮	绿灯闪亮	黄灯亮	红灯亮		
	时间	25 s	3 s	2 s	30 s		
南 北	信号灯	红灯亮			绿灯亮	绿灯闪亮	黄灯亮
	时间	30 s			25 s	3 s	2 s

图 2-51 所示为交通信号灯设置示意图。现假定交叉的道路是南北向及东西向。每个方向各有红、绿、黄三色信号灯。

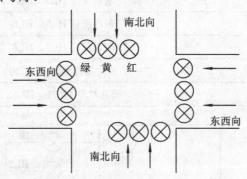

图 2-51 十字路口交通信号灯设置示意图

在正常情况下,信号灯系统开始工作时,先南北向红灯亮 30 s,东西向绿灯亮 25 s、闪亮 3 s(1 s 内通 0.5 s、断 0.5 s),然后东西向黄灯亮,后东西向红灯亮,南北向绿灯亮和黄灯停,即周期为 60 s,南北和东西采取对称接法(有些路口根据流量的不同采用非对称接法,即同一方向的通行时间和停止时间不对称)。这些灯点亮的时序图如图 2-52 所示。图 2-52 是按灯置 1 与置 0 两种状态绘制的,置 1 表示灯点亮。一个周期内 6 只信号灯亮灭的时间均已标在图中。灯在控制开关打开后是按照周期不断循环的。

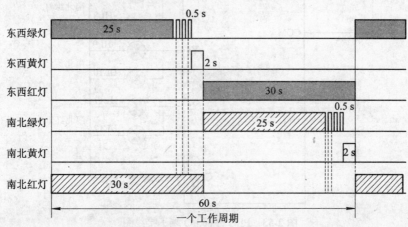

图 2-52 十字路口交通信号灯工作时序图

2. 控制系统的 I/O 分配及接线

在对这个控制程序进行设计之前,必须先对 PLC 的 I/O 电路进行设计。根据十字路口交通信号灯的控制要求,I/O 分配如表 2-9 所示,控制系统共有开关量输入点 2 个、开关量输出点 6 个。系统的 I/O 端子接线如图 2-53 所示。在 I/O 端子接线图中用一个输出点驱动两个信号灯，如果 PLC 的输出点的输出电流不够，则可以用一个输出点驱动一个信号灯，也可以在 PLC 输出端增设中间继电器，由中间继电器再去驱动信号灯。

表 2-9 I/O 设备及 I/O 点分配

输入口分配		输出口分配	
输入设备	输入继电器	输出设备	输出继电器
启动按钮 SB1	X1	东西绿灯 HL1、HL2	Y0
停止按钮 SB2	X2	东西黄灯 HL3、HL4	Y1
		东西红灯 HL5、HL6	Y2
		南北绿灯 HL7、HL8	Y3
		南北黄灯 HL9、HL10	Y4
		南北红灯 HL11、HL12	Y5

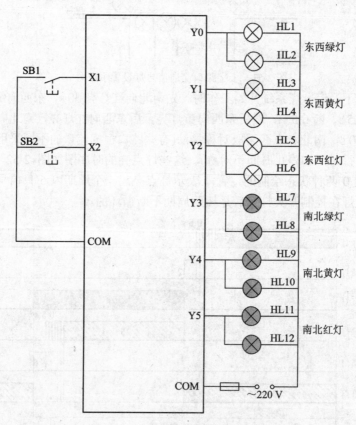

图 2-53 PLC 外部 I/O 端子接线图

3. 梯形图

该系统的梯形图程序可以用基本逻辑指令编程，也可以用步进指令或移位寄存器指令编程。在本节我们利用基本逻辑指令来编写该系统的梯形图程序。可以看出这是一个时间控制程序，在程序中通过定时器来实现时间控制。

如图 2-54 所示的梯形图程序可分为两个环节：一部分是延时环节，即时间点的形成部分，包括各个时间点的定时器以及形成绿灯闪烁的脉冲发生器，脉冲发生器产生周期为 1s(通 0.5 s、断 0.5 s)的方波脉冲；另一部分是驱动环节，即输出控制的部分，信号灯的工作条件都用定时器的触头来表示。其中绿灯的点亮条件是两个并联支路，一个是绿灯长亮的控制，一个是绿灯闪亮的控制。

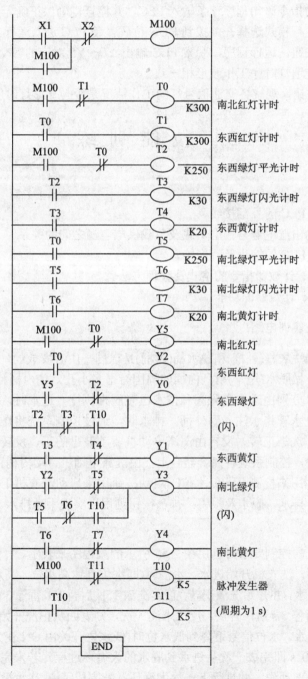

图 2-54 十字路口交通信号灯控制梯形图

4. 演示步骤

(1) 按照图 2-53 所示的 PLC 输入、输出端子接线图，完成硬件接线。

(2) 在断电状态下，用 FX-20P-CAB 电缆将手持型编程器 FX-20P-E 与 PLC 主机 FX2N-16MR-ES/UL 相连。

(3) 合上电源开关，将 PLC 的主机 FX2N-16MR-ES/UL 工作模式选择在编程模式状态下，然后将编写好的指令语句程序逐条输入 PLC，并检查，确保正确无误。

(4) 将 PLC 的运行模式选择开关拨到 RUN 位置，使 PLC 进入运行方式。

(5) 按下 SB1 按钮，运行程序，观察 PLC 输出 Y0～Y5 对应的各交通信号灯的亮灭情况是否与所要求的交通灯时序工作波形相一致。

(6) 按下 SB2 按钮，观察各交通信号灯的工作情况是否与交通灯时序工作波形相一致。

2.4　技能训练

一、实训目的

(1) 进一步熟悉 PLC 的外部接线。
(2) 熟悉 PLC 输出继电器与输出负载及负载供电电源之间的关系。
(3) 进一步熟悉 PLC 的编程及程序输入。
(4) 掌握定时器、计数器指令的格式及编程方法。
(5) 掌握定时器、计数器的功能。

二、实训原理及实训电路

全自动洗衣机的洗衣桶(外桶)和脱水桶(内桶)是以同一中心安放的。外桶固定，作盛水用；内桶可以旋转，做脱水(甩干)用。内桶的周围有很多小孔，使内桶和外桶的水流相通。洗衣机的进水和排水分别由进水电磁阀和排水电磁阀来执行。进水时，通过控制系统将进水电磁阀打开，经进水管将水注入到外桶。排水时，通过控制系统将排水电磁阀打开，将水由外桶排到机外。洗涤正转、反转由洗涤电动机驱动波盘的正、反转来实现，此时脱水桶并不旋转。脱水时，控制系统将离合器合上，由洗涤电动机带动内桶正转进行甩干。高、低水位控制开关分别用来检测高、低水位。启动按钮用来启动洗衣机工作，停止按钮用来实现手动停止进水、排水、脱水及报警。排水按钮则用来实现手动排水。

1. 控制要求

该全自动洗衣机的控制要求可以用图 2-55 所示的流程图来表示。

按下启动按钮后，洗衣机开始进水。水满时(即水位到达高水位，高水位开关由 OFF 变为 ON)，PLC 停止进水，并开始洗涤正转，正转洗涤 15 s 后暂停，暂停 3 s 后开始洗涤反转。反洗 15 s 后暂停。暂停 3 s 后，若正、反洗未满 3 次，则返回从正洗开始的动作；若正、反洗满 3 次，则开始排水。水位信号下降到低水位时(低水位开关由 ON 变为 OFF)，开始脱水并继续排水。脱水 10 s 即完成一次从进水到脱水的大循环过程。若未完成 3 次大循环，则返回从进水开始的全部动作，并进行下一次大循环；若完成了 3 次大循环，则进行洗完报警。报警 10 s 后结束全部过程，自动停机。

　　此外，还要求可以按排水按钮以实现手动排水；按停止按钮以实现手动停止进水、排水、脱水及报警。

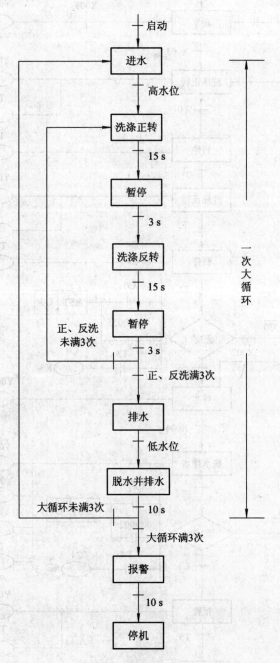

图 2-55　全自动洗衣机的控制流程图

根据全自动洗衣机的工作原理和控制要求，还可画出状态流程图，如图 2-56 所示。

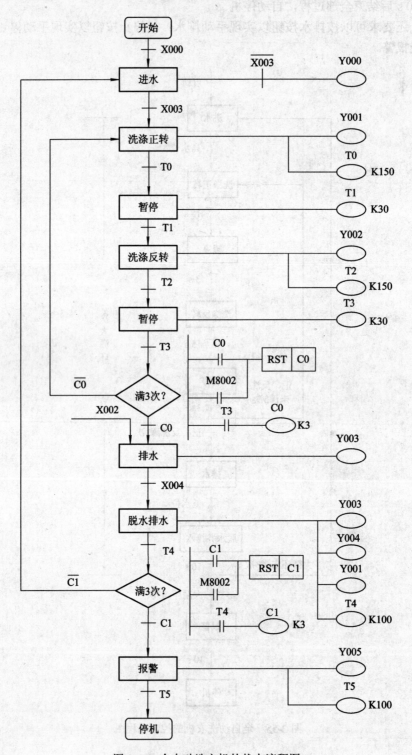

图 2-56　全自动洗衣机的状态流程图

2. 通道分配及 I/O 接线图

1) I/O 通道分配

I/O 设备及 I/O 点分配表如表 2-10 所示。

表 2-10　I/O 设备及 I/O 点分配表

类　别	输入设备	端子号
输入信号	启动按钮 SB1	X000
	停止按钮 SB2	X001
	排水按钮 SB3	X002
	高水位开关 SL1	X003
	低水位开关 SL2	X004
输出信号	进水电磁阀 YV1	Y000
	电动机正转接触器 KM1	Y001
	电动机反转接触器 KM2	Y002
	排水电磁阀 YV2	Y003
	脱水电磁离合器 YC1	Y004
	报警蜂鸣器 KM3	Y005

2) 定时器、计数器通道分配

如果在程序中将要使用较多的定时器和计数器，最好也作通道分配表，以便在编程时有所遵循，否则很容易将同一个器件重复使用。

定时器、计数器通道分配如表 2-11 所示。

表 2-11　洗衣机的定时器、计数器通道分配

类　别	器件号	设定值	作　用
定时器	T0	15 s	正转洗涤计时
	T1	3 s	正转暂停计时
	T2	15 s	反转洗涤计时
	T3	3 s	反转暂停计时
	T4	10 s	脱水计时
	T5	10 s	洗完报警计时
计数器	C0	3 次	正、反洗循环计数
	C1	3 次	脱水(大循环)计数

3) PLC 的 I/O 接线图

根据 I/O 通道分配，可画出 PLC 的 I/O 接线图，如图 2-57 所示。

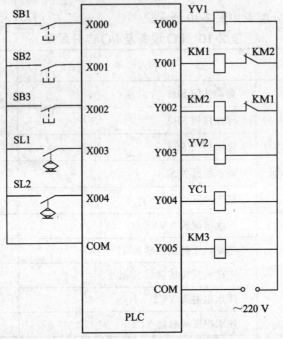

图 2-57　全自动洗衣机的 I/O 接线图

三、参考梯形图

根据工艺流程图可采用基本逻辑指令编程。梯形图如图 2-58 所示。

按下启动按钮 SB1，X000 为 ON，M000 为 ON 并自锁，Y000 为 ON，断开进水电磁阀。当水位到达高水位时，X003 为 ON，打开进水电磁阀，同时 Y001 为 ON，电动机正转，开始正向洗涤，并启动定时器 T0。15 s 后，T0 动作，使 Y001 为 OFF，停止正向洗涤，并启动定时器 T1。经过 3 s 的暂停，Y002 为 ON，电动机反转，开始反向洗涤，并启动定时器 T2。反洗 15 s 后，T2 动作使 Y002 为 OFF，停止反向洗涤，并启动定时器 T3。经过 3s 的暂停，T3 动作，使定时器 T0、T1、T2、T3 复位；使计时器 C0 计一次数，此时 Y001 又为 ON，重新进行从正向洗涤开始到反向洗涤结束的小循环。直到计数器 C0 计满 3 次数时，C0 为 ON，第一次洗涤过程结束，同时使计数器 C0 复位，为下一次洗涤过程的计数做好准备。在 C0 为 ON 的当前扫描周期，Y003 为 ON，开始排水。当水位到达低水位时，由 ON 变为 OFF，使 Y004 为 ON，接通脱水电磁离合器，并再次使 Y001 为 ON，使电动机正转，开始脱水，并启动定时器 T4。10 s 后 T4 动作，使脱水计数器 C2 计数一次，并使 Y3、Y4 为 OFF，停止排水和脱水，结束从进水到脱水的一次大循环。两个扫描周期后，Y001 再次为 ON，重新进行从进水到脱水的下一次大循环，直到 C2 计满 3 个数后，使 M000 为 OFF，结束洗衣的全部过程，Y005 为 ON，报警蜂鸣器响 10 s 后，停止报警。在洗涤、排水和脱水的过程中，可随时按下停止按钮 X001，停止操作。如需进行手动排水，可按下 X002 按钮，随时进行手动排水操作。

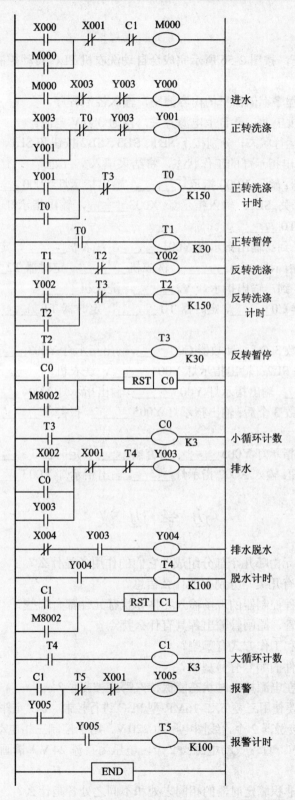

图 2-58　全自动洗衣机用基本逻辑指令编程的梯形图

四、实训步骤

(1) 在教师指导下，按图 2-56 所示完成全自动洗衣机 PLC 自动控制系统的输入、输出端子的硬件接线。

(2) 将 PLC 用户程序存储器里的内容清空，输入控制程序。

(3) 接通 PLC 主机电源，并合上电源开关，接通 380 V 电源。

(4) 将 PLC 置于运行状态，分别按下 SB1、SB3、SB2 按钮和 SL1、SL2 手动控制开关，观察 PLC 上输入、输出指示灯的工作状态，将结果填入空白处。

① 按下 SB1 按钮：输入 X000 指示灯_____，输出指示灯 Y000_____，洗衣机_____。

② 合上高水位开关 SL1：输入指示灯 X003_____，输出指示灯 Y001_____，洗衣机_____，定时器 T0_____。

③ 正转时间 15 s 到：输出指示灯 Y001_____，洗衣机_____，定时器 T1_____。

④ 3 s 后：输出指示灯 Y002_____，洗衣机_____，定时器 T2_____。

⑤ 反转时间 15 s 到：输出指示灯 Y2_____，洗衣机_____。

⑥ 3 s 后：计数器 C0_____，定时器 T0_____，定时器 T1_____，定时器 T3_____，洗衣机_____。

⑦ 计数器 C0 计数 3 个后：计数器 C0_____，输出指示灯 Y003_____，洗衣机_____。

⑧ 手动合上开关 SL2：输出指示灯 Y004_____，洗衣机_____，定时器 T4_____。

⑨ 10 s 后：_____，输出指示灯 Y003_____，输出指示灯 Y004_____，洗衣机_____。

⑩ 计数器 C1 计数 3 个后：输出指示灯 Y005_____，报警器_____，定时器 T5_____，洗衣机_____。

⑪ 10 s 后：输出指示灯 Y005_____，报警器_____，定时器 T5_____，洗衣机_____。

⑫ 按下 SB3 按钮：输入 X002 指示灯_____，输出指示灯 Y003_____，洗衣机_____。

边 学 边 议

1. PLC 的基本单元由哪几个部分组成？它们的作用各是什么？

2. PLC 的存储器有几类？分别存放什么信息？

3. 举例说明可编程控制器的现场输入元件和执行元件都有哪些？

4. 继电器、晶体管、晶闸管输出各具有什么特点？

5. 编程器的作用和工作方式有哪些？

6. FX2 中编程元件的编号有何规律？

7. 哪些编程元件在电源掉电时状态能保持？哪些被复位？

8. 某控制系统，要使用三菱 FX2-16MR 型 PLC 进行控制，I/O 元件有：控制按钮 2 个；行程开关 2 个；交流接触器 2 个，线圈电压为 220 V，用于控制三相电动机正反转；指示灯 1 个，电压为直流 24 V；直流气动电磁阀 2 个，电压为直流 24 V。请画出 PLC 接线图及主电路原理图。

9. 积算定时器与非积算定时器的相同之处和不同之处各是什么？

10. FX 系列 PLC 中共有几种类型的计数器？它们各有什么特点？

11. 设计一个延时开和延时关的梯形图。输入触点 X1 接通 3 s 后，输出继电器 Y0 闭合，之后输入触点 X1 断开 2 s 后，输出继电器 Y0 断开。

12. 有三台电动机，控制要求为：按 M1、M2、M3 的顺序间隔 5 s 启动；前级电动机不启动，后级电动机不能启动；前级电动机停止时，后级电动机停止。试设计梯形图，并写出指令语句表。

13. 在交通信号灯控制程序中，若红、黄和绿灯显示用交流 36 V 或 220 V 的灯泡，其实际的电气接线图应如何画？电气接线包括 PLC 供电电源的接线。

知识模块三　天 塔 之 光

3.1　教 学 组 织

一、教学目的

(1) 了解梯形图的编程方法和线圈输出问题。
(2) 了解 PLC 的移位/区间复位指令的功能和使用。
(3) 了解 PLC 的栈操作指令。
(4) 了解天塔之光系统的设计方法。

二、教学节奏与方式

	项 目	时间安排	教 学 方 式
1	教师讲授	6 学时	讲授梯形图编程方法和线圈输出问题等
2	课堂演示	2 学时	天塔之光
3	技能训练	2 学时	PLC 编程器的使用，移位指令的使用

3.2　教 学 内 容

3.2.1　梯形图编程方法

1. 最基本的设计方法——页面设计法

页面设计法主要分为三个步骤，下面结合例子来说明。设有梯形图如图 3-1 所示。

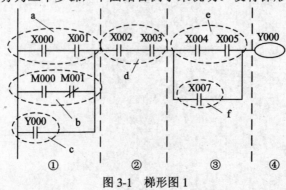

图 3-1　梯形图 1

(1) 按串联逻辑块,从水平方向自左向右将梯形图分成若干段,如图 3-1 所示的梯形图按串联逻辑块分为①、②、③、④段,其中①、②、③段为触点的逻辑运算,第④段为线圈输出;再按并联支路在垂直方向从上到下分为若干段,可将①分为 a、b、c 并联的逻辑块,③分为 e、f 并联的逻辑块,而 d 实际上只是单个触点 X002、X003 依次串联。

(2) 划分段时应从左到右、从上到下,连接段时应从上到下、从左到右。

(3) 按照连接各分段的次序对各分段编程,再用具体指令按次序将各段逐次连接,即得整个梯形图的指令语句表程序。

2. 几个串联支路相并联(先串后并)的原则

将触点数最多的串联支路放在梯形图的最上面。图 3-2 所示的是两个功能完全相同的梯形图,但右边梯形图的指令语句表程序少用了一条指令,节省了编程时间和存储空间。

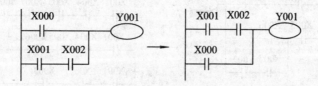

图 3-2 梯形图 2

3. 几个并联回路相串联(先并后串)的原则

将触点最多的并联回路放在梯形图的最左边。如图 3-3 所示的是两个功能完全相同的梯形图,右边梯形图的指令语句表程序少用了一条指令,节省了编程时间和存储空间。

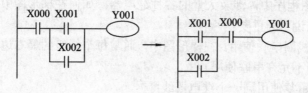

图 3-3 梯形图 3

4. 注意事项

(1) 直接输出、减少暂存。

例如,将图 3-4 中的左图改画为右图后,可不使用栈指令。

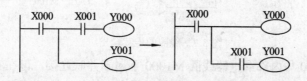

图 3-4 梯形图 4

(2) 在不影响逻辑功能的情况下,尽可能将每个阶梯简化成串联支路,或先并后串支路,不要出现串、并交叉的情况。

例如,将图 3-5 中的左图改为右图后,虽然多用了触点,但结构简单了。

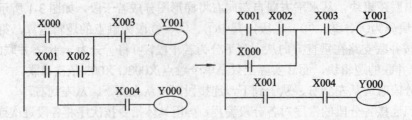

图 3-5　梯形图 5

再如，将图 3-6 中的左图改为右图后，虽然触点多次重复使用，但编程简单了许多。

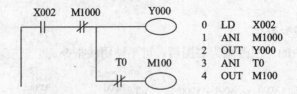

图 3-6　梯形图 6

3.2.2　梯形图中线圈输出的使用问题

在 PLC 的梯形图程序中，涉及大量的各种继电器，如何在梯形图中安排和使用继电器的线圈，对初学者来说十分重要。

(1) 不允许两个线圈串联使用。在梯形图中，通常每个梯级的最右边的位置上是继电器线圈。继电器的线圈不允许串联使用。

(2) 一般不允许重复使用同一个继电器线圈号。

(3) 在梯形图程序中，会经常遇到所谓连续输出的问题，其结构形式如图 3-7 所示。

<table>
<tr><td>0</td><td>LD</td><td>X002</td></tr>
<tr><td>1</td><td>ANI</td><td>M1000</td></tr>
<tr><td>2</td><td>OUT</td><td>Y000</td></tr>
<tr><td>3</td><td>ANI</td><td>T0</td></tr>
<tr><td>4</td><td>OUT</td><td>M100</td></tr>
</table>

图 3-7　线圈的连续输出

输出继电器 Y000 与内部继电器线圈 M1000 不属于并联连接，但在 PLC 的梯形图中，这种结构称为连续输出。在这里注意指令语句表程序中第 2、3、4 条语句，在第 2 条语句"OUT Y000"之后，虽然在梯形图中该梯级输出又出现一个新的逻辑母线，并经 T0 的常闭触点，输出到线圈 M100，但在这个新出现的逻辑母线后，并不是用"LD T0"，而是用"ANI T0"指令来执行连续输出的功能。连续输出可以是多级的，如图 3-8 所示。

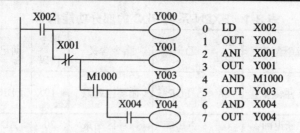

图 3-8 线圈的多级连续输出

(4) 并联输出。在梯形图中，两个以上的继电器线圈可并联使用，如图 3-9 所示的就是 4 个线圈并联使用。并联使用的线圈并不限于输出继电器的线圈，还可以包括内部继电器、保持继电器、定时器等。

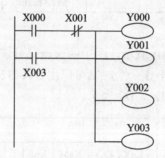

图 3-9 线圈的并联输出

(5) 分支输出。分支输出在梯形图中是大量可见的，其结构形式就是在分支点引出新的逻辑母线，从这条逻辑母线上引出的每个支路到线圈之间至少有一个或一个以上的触点，每个支路中两个以上的触点组合可以是串联也可以是并联。对于分支输出程序，在分支点通常可以用栈指令 MPS、MRD、MPP。

3.2.3 移位/区间复位指令

可编程控制器是为了工业控制而设计的专用的计算机，不仅有基本的逻辑指令，而且还有 80 多条功能指令。对于一些简单的程序设计，只需要逻辑指令就可以了，但是对于一些较为复杂的控制，逻辑指令就无能为力了，还需一些功能指令，使用这些功能指令可以增加 PLC 的控制功能，以满足控制要求，从而扩大可编程控制器的应用范围。FX2N 系列 PLC 的常用功能指令有条件跳转、传送、比较、中断、四则运算、循环和移位等。本节着重讲述移位指令的使用。

1. 功能指令说明

与基本的逻辑指令的形式不同，功能指令用功能符号表示，直接表达出该条指令的功能是什么，而基本的逻辑指令则用助记符或逻辑操作符表示，其梯形图符号就是继电器触点、线圈的连接图，直观易懂。FX2N 系列 PLC 的每条功能指令都有一个表示其功能的助记符，例如 FNC12 的助记符为 MOV(传送)。

FX2N 系列 PLC 的部分功能指令见表 3-1。

表 3-1　　FX2N 系列 PLC 的部分功能指令

指令代码	助记符	指令含义	指令代码	助记符	指令含义	指令代码	助记符	指令含义
00	CJ	条件转移	08	FOR	循环区起点	19	BIN	BID→BCD 数制转换
03	IRET	中断返回	09	NEXT	循环区结束	20	ADD	加
04	EI	中断元件	10	CMP	比较	21	SUB	减
05	DI	禁止中断	11	ZCP	区间比较	22	MUL	乘
06	FEND	主程序结束	12	MOV	数据传送	23	DIV	除
07	WDT	警戒时钟	18	BCD	BCD→BID 数制转换	60	IST	置初始状态

1) 功能指令的表示形式

功能指令的基本格式如图 3-10 所示。图中的前一部分表示指令的代码和助记符，后一部分表示源操作数。当源操作数不止一个时，可以用 S1、S2 表示；D 表示目的操作数，当目的操作数不止一个时，可以用 D1、D2 表示。

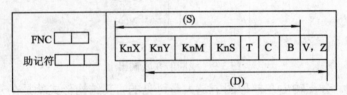

图 3-10　功能指令的基本格式

源操作数的内容不随指令执行而变化，在可利用变址修改元件编号的情况下表示为[S·]。当源操作数不止一个时，用[S1·]、[S2·]等表示。

目的操作数的内容随指令执行而变化，在可利用变址修改元件编号的情况下表示为[D·]。当目的操作数不止一个时，用[D1·]、[D2·]等表示。字母 m、n 既不做源操作数，也不做目的操作数，常用来表示常数或者作为源操作数或目的操作数的补充说明，可用十进制 K、十六进制 H 和数据寄存器 D 来表示。在需要表示多个这类操作数时，可以用 m1、m2、n1、n2 等表示。

2) 数据长度和指令类型

功能指令可以处理 16 位数据和 32 位数据。例如图 3-11 所示为数据传送指令的使用说明，其中 MOV 为指令的助记符，表示数据传送的功能指令，指令的代码是 12，功能指令中的符号 D 表示处理 32 位数据。处理 32 位数据时，用元件号相邻的两个元件组成元件对。元件对的首位地址用奇数、偶数均可以(建议元件对首位地址统一用偶数编号)。32 位计数器(C200～C235)不能用作 16 位指令的操作数。

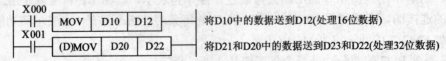

图 3-11　数据传送指令的使用说明

在图 3-11 中，当 X000 闭合时，把源操作数 D10 中的数据传送到目的操作数 D12 中；当 X001 闭合时，把源操作数 D21、D20 中的数据分别传送到目的操作数 D23、D22 中。

3）指令类型

FX2N 系列 PLC 的功能指令有连续执行和脉冲执行两种形式。

图 3-11 所示的梯形图程序为连续执行方式。当 X000 和 X001 为 ON 状态时，图中的指令在每个扫描周期都被重新执行。

图 3-12 所示的梯形图程序为脉冲执行方式。助记符后附的(P)符号表示脉冲执行。(P)和(D)可以同时使用，如(D)MOV(P)。梯形图程序中脉冲执行指令仅在 X001 由 OFF 转变为 ON 时有效，其他时刻不执行。在不需要每个扫描周期都执行时，用脉冲方式可以缩短程序处理时间。

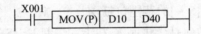

图 3-12 脉冲执行方式

在图 3-11 和图 3-12 中，当 MOV 指令的输入条件为 OFF 状态时，指令不执行，目标元件的内容不变化，除非另行指定。

4）指令的操作数

有些功能指令要求在助记符的后面提供 1~4 个操作数，这些操作数的形式如下：

(1) 位元件 X、Y、M 和 S；

(2) 常数 K、H 或指针 P；

(3) 字元件 T、C、D、V、Z(T、C 分别表示定时器和计数器的当前值寄存器)；

(4) 由位元件 X、Y、M 和 S 的位指定组成字元件。

其中，只处理 ON/OFF 状态的元件称为位元件，例如 X、Y、M 和 S。处理数据的元件称为字元件，例如 T、C 和 D 等。由位元件也可以组成字元件进行数据处理，位元件组合用位数 Kn 加起始元件号来表示。

位元件的组合：每 4 个位元件为一组，组合成单元。16 位数据为位 K1~K4，32 位数据为 K1~K8。KnM0 中的 n 是组数。例如 K2M0 表示由 M0~M7 组成的 8 位数据；K4M10 表示由 M10~M25 组成的 16 位数据，M10 是最低位，即 KnM0 表示位组合元件是由 M0 开始的 n 组位元件组成的。

5）变址寄存器 V/Z

变址寄存器在传送、比较指令中用来修改操作对象的元件号，其操作方式与普通数据寄存器一样。在图 3-10 中的源操作数和目的操作数可以表示为[S・]和[D・]，其中[・]表示使用的变址功能，称为变址寄存器。对 32 位指令，V 为高 16 位，Z 为低 16 位。32 位指令中用到变址寄存器时只需指定 Z，这时 Z 就代表了 V 和 Z。在 32 位指令中，V、Z 自动组对使用。

图 3-13 所示为 V 和 Z 变址寄存器的使用说明，MOV 指令执行将 K10 送到 V，K20 送到 Z，所以 V、Z 的内容分别为 10、20。若执行 D5V+D15Z，即为 D15+D35→D50。下列假定 Z 的值为 4，则

D5Z = D9，T6Z = T10，C7Z = C11，K4M10Z = K4M14，K1Y0Z = K1Y4

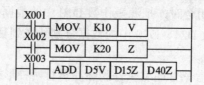

图 3-13　V 和 Z 变址寄存器的使用说明

V 和 Z 变址寄存器的使用能够使编程简单化。

2. 移位/区间复位指令

1) 位右移指令 SFTR(FNC34)

位右移指令 SFTR 的作用是使[D·]所指定的 n1 个位元件与[S·]所指定的 n2 个位元件的数据右移 n2 位。源操作数[S·]的范围包括 X、Y、M、S，目的操作数[D·]的范围包括 Y、M、S，n1 与 n2 的操作数包括十进制 K 和十六进制 H。SFTR 与 SFTRP 指令的程序步均是 9 步。

位右移指令 SFTR 的格式及操作原理如图 3-14 所示。

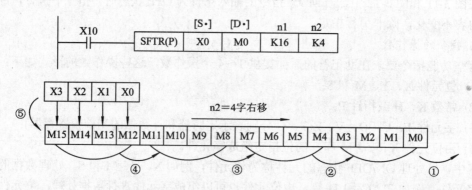

图 3-14　位右移指令 SFTR 的格式及操作原理

格式中指令 SFTR 后的 P 表示脉冲执行方式，当 X10 由 OFF 变为 ON 时，[D·]内(M1～M15)16 位数据连同[S·]内(X0～X3) 4 位数据向右移 4 位，(X0～X3) 4 位数据从[D·]的高端移入，而[D·]的低位 M0～M3 数据移出(溢出)丢失。若图中 n2 = 1，则每次只进行 1 位移位。显然在图 3-14 中，SFTR 指令执行的最后结果是，16 个目的操作数 M 的新数据变为 X3X2X1X0M15…M10M7…M5M4。

2) 位左移指令 SFTL(FNC35)

位左移指令 SFTL 的作用是使[D·]所指定的 n1 个位元件与[S·]所指定的 n2 个位元件的数据左移 n2 位。位左移指令与位右移指令的区别在于移位方向不同。

位左移指令 SFTL 的格式及操作原理如图 3-15 所示。

格式中指令 SFTL 后的 P 表示脉冲执行方式，当 X10 由 OFF 变为 ON 时，[D·]内 (M1～M15)16 位数据连同[S·]内(X0～X3) 4 位数据向左移 4 位，(X0～X3) 4 位数据从[D·]的低端移入，而[D·]的高位 M12～M15 数据移出(溢出)丢失。若图中 n2 = 1，则每次只进行 1 位移位。显然在图 3-15 中，SFTL 指令执行的最后结果是，16 个目的操作数 M 的新数据变为 M11…M7M6…M1M0 X3X2X1X0。

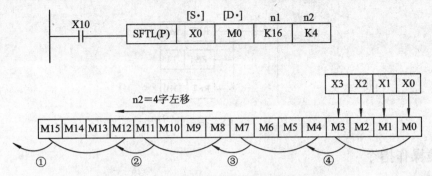

图 3-15 位左移指令 SFTL 的格式及操作原理

在图 3-15 所示的位左移指令的梯形图中，n1 为 K16，表示目的操作数[D・]的位数是 16；n2 为 K4，表示源操作数[S・]的位数是 4，也就是每次移位的位数是 4。源操作数和目的操作数的位数可根据实际的需要来选择。

用脉冲指令执行时，X10 由 OFF 变为 ON 时指令执行 1 次，进行位移位；而用连续指令执行时，移位操作是每个扫描周期执行 1 次。指令使位元件中的状态向右或向左移位，由 n1 指定位元件的长度，n2 指定移位的位数(n2≤n1≤1024)。

3) 区间复位指令 ZRST(FNC40)

区间复位指令 ZRST 的作用是将指定区间的元件复位，即全部清 0，也称之为成批复位指令。区间复位指令 ZRST 的[D1・]、[D2・]操作数包括 Y、M、S、T、C、D(D1≤D2)。ZRST 和 ZRSTP 的程序步是 5 步。程序的表达方式如图 3-16 所示。

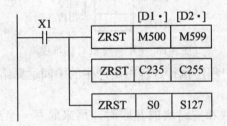

图 3-16 ZRST 指令的使用说明

当 X1 由 OFF 变为 ON 时，执行区间复位指令，位元件 M500～M599 成批复位，字元件 C235～C255 成批复位，状态元件 S0～S127 成批复位。指令 ZRST 后没有 P 表示连续执行方式，当 X1 接通后，每过一个扫描周期，指令执行一次，将指定区间的元件全部清 0。

使用 ZRST 指令时需注意以下两点：

(1) 目的操作数[D1・]和[D2・]指定的元件应为同类软元件，[D1・]指定的元件号要小于等于[D2・]指定的元件号。如果[D1・]的元件号大于[D2・]的元件号，则只有指定的元件被复位。

(2) 该指令为 16 位处理指令，但是可在[D1・]和[D2・]中指定 32 位计数器。不过不能混合指定，即不能在[D1・]中指定 16 位计数器，而在[D2・]中指定 32 位计数器。

ZRST 与 RST 指令相比较，RST 指令仅对位元件 YMS 和字元件 TCD 单独进行复位，不能成批复位。RST 指令的应用如图 3-17 所示。

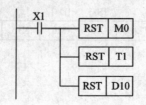

图 3-17　RST 指令的应用

3.2.4　栈操作指令

1. 堆栈的含义

PLC 中的堆栈是由顺序相连的若干个位存储单元组成的，它采用先进后出的数据存取方式，这些存储单元通常被称为栈寄存器。FX 系列的堆栈有 11 层(见图 3-18)，堆栈中的每一层用于存放一个二进制数。用于栈寄存器操作的指令 MPS、MRD、MPP 分别为进栈、读栈、出栈指令，程序步均是 1 步。

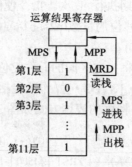

图 3-18　FX 系列 PLC 的堆栈

堆栈主要用于存放用户程序执行过程中所产生的中间运算结果，这些中间运算结果主要是指：

(1) 处理支路块的串联和支路块的并联时，用来储存一个或多个支路块内部的运算结果。

(2) 处理由触点与线圈(或触点与其他输出类指令)组成的多分支并联支路时，用堆栈来保存分支点的逻辑运算结果。

2. 堆栈的作用

以图 3-19 中两个串联支路块并联为例，为了将它们并联起来，首先需要完成两个串联支路块内部的"与"逻辑运算。执行第一条指令时，取出输入映像寄存器 X0 中的二进制数，存放在运算结果寄存器中。执行第二条指令时，取出 X1 的值并与运算结果寄存器中的数相"与"，运算结果 A 存入运算结果寄存器。执行第三条指令时，应取出 X2 的值并放入运算结果寄存器，但是这一操作将会破坏前两条指令的运算结果。为了解决这一问题，系统程序自动地将前两条指令的运算结果 A 存入堆栈，即将堆栈中的数据依次向下移动一层(最低位的数据丢失)，然后将运算结果寄存器中的数据写入堆栈的第一层(称为栈顶)，这样前两条指令的运算结果 A 便被保存在堆栈的栈顶。完成上述操作后，再将 X2 的值传送到运算结果寄存器中。

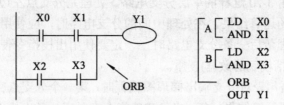

图 3-19 ORB 指令

执行完第四条指令后，两块串联支路的"与"运算结果分别存放在堆栈的栈顶和运算结果寄存器中。执行电路块并联指令 ORB 时，将栈顶和运算结果寄存器中的二进制数 A 和 B 相"或"，运算结果存入运算结果寄存器，堆栈中的数据依次上移一格。经过一上一下的移位，堆栈中原有的数据被复原。

3. 堆栈指令的说明

堆栈指令常用于一个分支点多个输出(见图 3-20)。

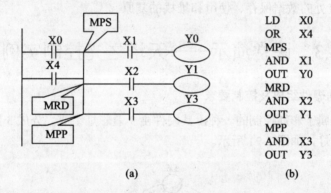

图 3-20 堆栈操作指令的使用说明

(a) 梯形图；(b) 指令语句表

MPS、MRD、MPP 指令使用说明如下：

MPS 指令用于储存多重输出支路中分支处的逻辑运算结果，以方便后面处理从该点引出的有线圈或输出指令的支路时调用该分支处的运算结果。以图 3-20 为例，3 个线圈对应的输出指令都要使用 X0 和 X4 的并联支路的"或"运算结果，如果不用堆栈来保存该数据，在执行与第一个线圈串联的 X1 的触点对应的"AND X1"指令后，前两条指令的运算结果将会丢失。所以在第二条指令之后，应使用进栈指令(MPS)将"或"运算的结果保存在堆栈的栈顶，堆栈中原有的数据依次向下一层推移。

因为存放在栈顶的数据要多次使用，在执行完第一个线圈对应的 OUT 指令后，应使用读栈指令 MRD 读取存储在栈顶的支路中分支点处的运算结果。这一操作相当于将 X2 的触点连接在该点，执行读栈指令后，堆栈内的数据不会上移或下移。

在处理最后一条输出分支电路时，应使用出栈指令 MPP。该指令弹出(调用并去掉)存储在栈顶的支路中分支点处的运算结果，堆栈中各层的数据依次向上移动一层，栈顶的数据在送入运算结果寄存器后从栈内消失，X3 的触点被连接在该点。

综上所述，对于图 3-20 这样的单层分支电路，处理完分支点左边的电路后，应使用进栈指令，保存分支点的运算结果。在处理中间的分支电路时，应使用读栈指令读取存放在栈顶中的数据。在处理最后一条分支电路时，一定要使用出栈指令使执行进栈指令之前堆栈中原有的数据(不包括栈底的数据)复原。

另外，在用指令语句表对分支输出梯形图编程时，第一个分支点应使用一条进栈(MPS)指令来保存该点的逻辑运算结果，每一条 MPS 指令应对应一条出栈(MPP)指令，在一块独立的分支梯形图中，MPS 指令和 MPP 指令的条数应相等。处理一个分支点的最后一条支路时，必须使用 MPP 指令，而不是读栈(MRD)指令，并且用 MPS 指令同时保存在堆栈中的逻辑运算结果不能超过 11 个。

在编程软件中用梯形图语言编程时，堆栈的处理是由编程软件和 PLC 自动完成的，用户只需要根据自己的要求画出梯形图即可。将分支点有多个输出的梯形图转换成指令语句表时，编程软件会根据梯形图结构自动地在程序中加入 MPS、MRD 和 MPP 指令。

在用指令语句表语言对分支梯形图编程时，由程序设计人员用堆栈指令 MPS、MRD 和 MPP 来实现分支点处的数据保存、使用和堆栈的复原。

3.3　课堂演示——天塔之光控制实例

1. 天塔之光的硬件组成及控制要求

天塔之光控制属于彩灯控制的一种，其硬件由 9 盏彩灯组成，分成 3 圈，中间 1 盏灯，外围两圈各有 4 盏灯，如图 3-21 所示。

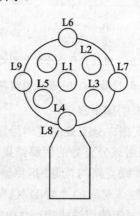

图 3-21　天塔之光结构图

按下钮子开关 SB，9 盏彩灯按 L1～L9 一盏一盏点亮，间隔 1 s，全部点亮后维持 3 s，然后每隔 2 s 闪烁一次，共闪 3 次，再按 L9～L1 一盏一盏熄灭，间隔 1.5 s，循环执行。

2. I/O 口地址分配及硬件接线图

1) I/O 口地址分配

由天塔之光的控制要求知，本系统为 1 输入 9 输出，其输入/输出地址可根据实际情况灵活分配。下面给出 I/O 口地址的一种分配方案，如表 3-2 所示。

表 3-2　I/O 设备及 I/O 点分配表

输入口分配		输出口分配	
输入设备	输入继电器	输出设备	输出继电器
钮子开关 SB	X0	彩灯 L1	Y0
		彩灯 L2	Y1
		彩灯 L3	Y2
		彩灯 L4	Y3
		彩灯 L5	Y4
		彩灯 L6	Y5
		彩灯 L7	Y6
		彩灯 L8	Y7
		彩灯 L9	Y10

2) 硬件接线图

根据以上的 I/O 口地址分配，选择三菱 FX2N 机型，其硬件部分的接线图如图 3-22 所示。

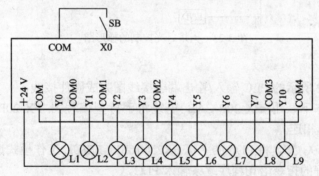

图 3-22　天塔之光的硬件接线图(三菱 FX2N 机型)

3. 梯形图

根据天塔之光的控制要求和 I/O 口地址分配，选择系统设计方案，为了便于实现，可采用 PLC 应用指令的移位指令和复位指令。梯形图设计如图 3-23 所示。

本设计的基本思路是用定时器和移位指令来实现，T2 用来设定点亮彩灯 1 s 的时间脉冲，T1 用来设定彩灯维持亮的时间，T0 用来设定彩灯闪烁的时间。由于系统开始时第一个脉冲有 1 s 的延时，故 T1 和 T0 的时间设置多加了 1 s。

T3、T4、T5 是用来控制彩灯闪烁的。T1 的时间到，T1 的常开触点接通，T5 几乎同时得电，将彩灯复位熄灭，1 s 后，T3 时间到，再将彩灯全部点亮，为实现上述控制，SFTL 指令后不加 P，闪烁的周期由 T4 设定为 2 s；当 T0 的时间到时，彩灯进入一盏一盏地熄灭控制过程，T6 设置为熄灭时间，同时也是循环的控制点，T7 为彩灯熄灭控制脉冲 1.5 s，T6 时间到，其常闭触点将系统复位，进入下一周期的循环。

根据地址分配和控制要求，点亮彩灯用位左移指令实现，熄灭彩灯用位右移指令实现；为了保证输入开关 SB 关断后，系统全部停止工作，这里采用了其常闭触点来复位输出。

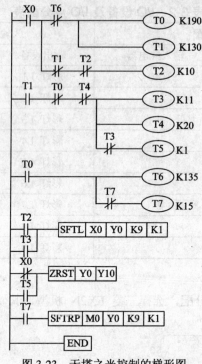

图 3-23　天塔之光控制的梯形图

4. 演示步骤

(1) 按照图 3-22 所示的 PLC 输入/输出端子接线图完成硬件接线。

(2) 在断电状态下，用 FX-20P-CAB 电缆将手持型编程器 FX-20P-E 与 PLC 主机 FX2N-16MR-ES/UL 相连。

(3) 合上电源开关 QS，将 PLC 的主机 FX2N-16MR-ES/UL 工作模式选择在编程模式状态下，然后将编写好的指令语句程序逐条输入 PLC。

(4) 将 PLC 的运行模式选择开关拨到 RUN 位置，使 PLC 进入运行方式。

(5) 合上钮子开关 SB，观察各信号灯的工作情况是否与实际工作要求相一致。

(6) 断开钮子开关 SB，观察各信号灯的工作情况是否与实际工作要求相一致。

3.4　技　能　训　练

一、实训目的

(1) 进一步熟悉 PLC 的外部接线。

(2) 掌握 PLC 的基本控制的程序设计方法。

(3) 进一步熟悉 PLC 的编程及程序输入。

(4) 了解 PLC 控制系统的设计。

二、实训原理及实训电路

如图 3-24 所示为一台车自动往返循环工作的示意图，现用 PLC 实现对台车的前进、后退控制，显然台车的前后运动是由电动机拖动的。在图中，行程开关 SQ1 处为原位，SQ2 处为前进，SQ3 和 SQ4 为原位和前位限位保护行程开关。

图 3-24　台车自动往返工作示意图

结合实际工作所需，该台车的控制要求如下：

① 该台车可自动循环工作。

② 可对该台车进行手动控制。

③ 能使该台车作单循环运动。

④ 对该台车能进行循环控制。台车的一次完整的大工作周期为 6 次小循环，小车前进、后退为 1 个工作循环，循环工作 6 次后自动停止在原位。

(1) 分析控制要求。由于台车的前进、后退是由电动机拖动的，因此完成这一动作实质上是对电动机正反转的控制，故可采用电动机正反转控制基本程序；台车的手动控制和自动控制可通过选用选择开关 SA1 来进行转换。设选择开关 SA1 闭合时为手动状态，断开时为自动状态；小车有单循环工作和多次循环工作状态，选用选择开关 SA2 来转换。设选择开关 SA2 闭合时为单循环工作状态，断开时为多次循环工作状态；多次循环工作的循环次数可以利用计数器进行控制。

(2) 根据台车的控制要求，台车有 3 种工作状态，通过选择开关 SA1 进行状态选择，占用 3 个输入点；停止按钮 SB1、正转启动按钮 SB2(前进)、反转启动按钮 SB3(后退)为输入设备，占用 3 个输入点。4 个行程开关 SQ1～SQ4 占用 4 个输入点。电动机的正反转接触器 KM1 和 KM2 占用 2 个输出点。因此，台车控制系统 PLC 的 I/O 设备与 I/O 分配表如表 3-3 所示。

表 3-3　I/O 设备及 I/O 点分配表

类　别	输入/输出设备	输入/输出端子号
输入信号	手动/自动选择开关 SA1	X0
	停止按钮 SB1	X1
	正转启动按钮 SB2(前进)	X2
	反转启动按钮 SB3(后退)	X3
	单循环/连续循环选择开关 SA2	X4
	行程开关 SQ1	X5
	行程开关 SQ2	X6
	行程开关 SQ3	X7
	行程开关 SQ4	X10
输出信号	电动机正转接触器 KM1	Y1
	电动机反转接触器 KM2	Y2

系统的主电路显然就是电动机正反转控制的主电路。台车自动往返 PLC 控制主电路原理图及 I/O 端子接线图如图 3-25 所示。

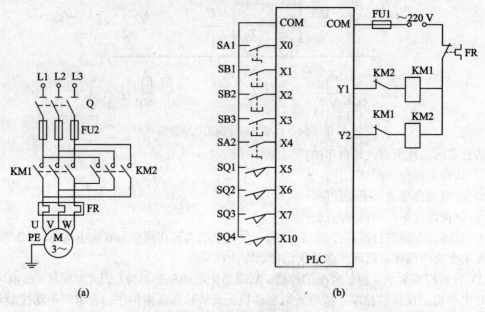

图 3-25　台车自动往返 PLC 控制主电路原理图及 I/O 端子接线图

(a) 主电路原理图；(b) I/O 端子接线图

三、梯形图设计

1. 根据控制对象设计基本控制环节的程序

台车由电动机拖动前进和后退，这样利用电动机正反转基本控制程序便可以设计出梯形图，如图 3-26 所示。电动机正转，台车前进；电动机反转，台车后退。

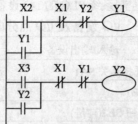

图 3-26　基本控制环节梯形图

2. 实现自动往返功能的程序设计

台车前进至行程开关 SQ2 处，SQ2 动作，要使台车能在 SQ2 处停止前进，并使小车后退，这样 PLC 的输入继电器 X6(与输入设备 SQ2 相连)的常闭触点就要断开 Y1 的线圈，X6 的常开触点启动 Y2 的线圈，从而完成台车由前进转换为后退的工作过程。同理，当小车后退至行程开关 SQ1 处时，输入信号 X5 要完成台车由后退转换为前进的工作过程。行程开关 SQ1 动作，X5 的常开触点闭合，输出线圈 Y1 得电，台车停止后退，同时 X5 的常闭触点断开，输出线圈 Y2 失电，台车由后退转换为前进。实现台车自动往返功能的梯形图如图3-27 所示。

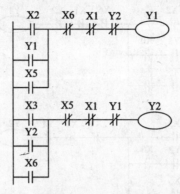

图 3-27　实现台车自动往返功能的梯形图

3. 实现手动控制功能的程序设计

如果让梯形图中的输出线圈 Y1、Y2 失去自锁，就能实现手动控制功能。因为 SA1 闭合时为手动状态，其输入点为 X0，这样，将 X0 的常闭触点与用以实现输出线圈自锁的常开触点 Y1 和 Y2 串联，就能实现对台车的手动控制功能。梯形图如图 3-28 所示。当手动选择开关 SA1 断开时，台车进入自动工作状态；当手动选择开关 SA1 闭合时，台车进入手动工作状态。

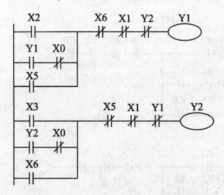

图 3-28　实现手动控制功能的梯形图

4. 实现单循环控制的程序设计

当台车前进到位又后退至行程开关 SQ1 原位时，只要台车不再前进，即 Y1 线圈不再得电，就完成了单循环控制。因为 SA2 闭合时为单循环工作状态，其输入点为 X4，将 X4 的常闭触点串入到 SQ1 的输入点 X5 的常开触点上，这样在 X5 的常开触点闭合后，Y1 的线圈也不再得电，台车不再前进，完成了单循环控制。梯形图如图 3-29 所示。

梯形图程序分析如下：

当按下正转启动按钮 SB2 时，输入继电器 X2 得电，常开触点 X2 闭合，输出线圈 Y1 输出，台车前进。当台车行驶至 SQ2 处，X6 有信号，台车停止前进，输出线圈 Y2 有信号，台车转换为后退。若按下了选择开关 SA2，则 X4 有信号，X4 的常闭触点断开，台车行驶至 SQ3 处，即使 X5 有信号，线圈 Y1 也没有输出，完成一个单循环工作。若没有按下选择

开关 SA2，则 X4 无信号，X4 的常闭触点闭合，台车行驶至 SQ3 处，X5 有信号，线圈 Y1
输出，台车进入循环工作状态。

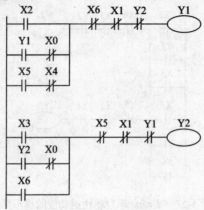

图 3-29　实现单循环控制功能的梯形图

5. 循环计数功能的程序设计

计数器的计数输入由 X5(SQ1) 提供，在自动运行时，台车每撞到 SQ1 一次表示完成了
1 次循环，用 C0 进行计数，当 C0 有了 6 个计数脉冲输入后，完成工作循环，台车停在原
位。这样可以将 C0 的常闭触点串接在 Y1 的线圈上，C0 的常闭触点断开，使 Y1 线圈失电。
为了使计数器在启动台车时清零，可以用启动信号 X2 来置位 C0。梯形图如图 3-30
所示。

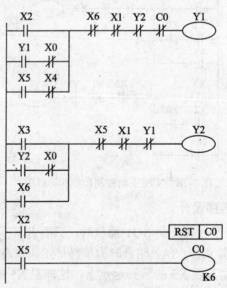

图 3-30　实现循环计数功能的梯形图

6. 设置保护环节的程序设计

SQ3 和 SQ4 分别为后退和前进方向的限位保护行程开关。当 SQ4 被压合时，表示前进
出了故障，Y1 的线圈必须断电；当 SQ3 被压合时，表示后退出了故障，Y2 的线圈必须断
电，台车停止动作。为了达到保护目的，可以将 X7(SQ3) 的常闭触点串接在 Y2 的线圈上，

将 X10(SQ4)的常闭触点串接在 Y1 的线圈上。

能够完全满足系统控制要求的完整的梯形图如图 3-31 所示。

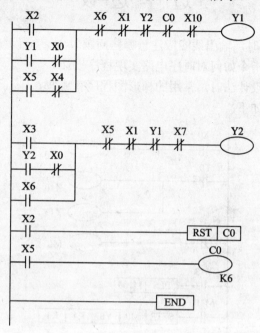

图 3-31 设置保护环节的梯形图

四、实训步骤

(1) 在教师指导下，按图 3-25 所示完成 PLC 输入/输出端子的硬件接线。

(2) 将 PLC 用户程序存储器里的内容清空，输入设置保护环节的梯形图程序。

(3) 接通 PLC 主机电源，并合上电源开关，接通 380 V 电源。

(4) 将 PLC 置于运行状态，分别按下按钮 SB2、SB3、SA、SA1，观察 PLC 上输入、输出指示灯的工作状态及运料小车的动作情况，将结果填入空白处。

按下按钮 SB2：输入指示灯 X2_____，输出指示灯 Y1_____，输出指示灯 Y2_____，小车_____。

压合行程开关 SQ2：输入指示灯 X6_____，输出指示灯 Y1_____，输出指示灯 Y2_____，小车_____。

压合行程开关 SQ1：输入指示灯 X5_____，输出指示灯 Y1_____，输出指示灯 Y2_____，小车_____。

按下按钮 SB1：输入指示灯 X2_____，输出指示灯 Y1_____，输出指示灯 Y2_____，小车_____。

按下按钮 SB3：输入指示灯 X3_____，输出指示灯 Y1_____，输出指示灯 Y2_____，小车_____。

合上手动开关 SA1：小车_____。

合上手动开关 SA2：小车_____。

边 学 边 议

1. 编写 PLC 梯形图时，输出线圈应注意哪些问题？
2. 利用移位寄存器指令如何对时序电路实现程序设计？
3. 采用梯形图经验设计法时，常用的梯形图程序有哪些？
4. 控制梯形图程序如下：

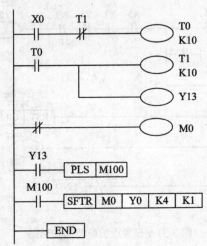

(1) 在 SFTR 中，该指令的源数据 S1 为_____，目的数据 D1 是_____，移位寄存器的长度 n1 为_____，一次移位的字长 n2 为_____。

(2) 在程序中，将_____送至 M0，M0 再送至_____，然后每隔_____s 右移一次。秒脉冲由 Y13 产生，且再经微分指令 PLS 作用后，又去控制右移位寄存器移位。

(3) 当 X0 合上后：

第 0 s 时，Y1 为_____，Y2 为_____，Y3 为_____，Y4 为_____；

第 1 s 时，Y1 为_____，Y2 为_____，Y3 为_____，Y4 为_____；

第 2 s 时，Y1 为_____，Y2 为_____，Y3 为_____，Y4 为_____；

第 3 s 时，Y1 为_____，Y2 为_____，Y3 为_____，Y4 为_____；

第 4 s 时，Y1 为_____，Y2 为_____，Y3 为_____，Y4 为_____；

第 5 s 时，Y1 为_____，Y2 为_____，Y3 为_____，Y4 为_____；

第 6 s 时，Y1 为_____，Y2 为_____，Y3 为_____，Y4 为_____；

第 7 s 时，Y1 为_____，Y2 为_____，Y3 为_____，Y4 为_____。

知识模块四　机械手控制

由于 PLC 具有高可靠性及应用的简便性，因此其广泛应用于各种生产机械和生产过程的自动控制中，特别是在开关量控制系统中的应用，更显出它的优越性。本章通过 PLC 在机械手中的应用实例来说明 PLC 在开关量控制系统中的应用设计。

4.1　教学组织

一、教学目的

(1) 掌握 PLC 顺序功能图的设计方法。
(2) 掌握根据顺序功能图编写梯形图程序的方法。
(3) 掌握控制系统多种工作方式的设计方法。

二、教学节奏与方式

	项　目	时间安排	教　学　方　式
1	教师讲授	8 学时	教学前参观实物,重点讲解功能图的设计方法及机械手 PLC 控制方案设计
2	技能训练	2 学时	PLC 机械手控制方案设计

4.2　教学内容

4.2.1　顺序控制设计方法

经验设计法没有规律可循，具有很大的试探性和随意性，常需经过反复修改和完善才能符合设计要求，所以设计的结果往往不很规范，因人而异。经验设计法一般适合于设计一些简单的梯形图程序或复杂系统的某一局部程序(如手动程序等)。

目前常用的一种编程方法——顺序控制设计法，是专门针对顺序控制系统的一种设计方法。这种设计方法很容易被初学者接受，对于有经验的工程师，也会提高设计效率，程序的调试、修改和阅读也很方便。PLC 的设计者们为顺序控制系统的程序编制提供了大量通用和专用的编程元件，开发了专门供编制顺序控制程序用的功能表图，从而使这种先进的设计方法成为了当前 PLC 程序设计的主要方法。

如果一个控制系统可以分解成几个独立的控制动作，且这些动作必须严格按照一定的先后次序执行才能保证生产过程的正常运行，则这样的控制系统称为顺序控制系统，也称为步进控制系统。其控制总是一步一步按顺序进行的。在工业控制领域中，顺序控制系统的应用很广，尤其在机械行业，几乎无例外地利用顺序控制来实现加工的自动循环。

顺序功能图是一种描述控制系统的控制过程、功能和特性的图形，也是设计 PLC 顺序控制程序的有力工具。顺序功能图并不涉及所描述的控制功能的具体技术，它是一种通用的技术语言，可以用于进一步设计和不同专业的人员之间进行技术交流。顺序功能图主要由步、有向连线、转换、转换条件和动作(命令)组成。

1. 步

顺序功能图设计方法最基本的思想是将系统的一个工作周期划分为若干个顺序相连的阶段，这些阶段称为步。可以用编程元件辅助继电器 M 和状态器 S 来表示各步。步是根据 PLC 输出状态的变化来划分的，在任何一步之内，各输出状态保持不变，但是相邻两步的输出状态总有不同。步的这种划分方法使代表各步的编程元件与 PLC 各输出状态之间有着极为简单的逻辑关系。

如图 4-1 所示，运料矿车开始停在右侧限位开关 X1 处，按下启动按钮 X3，Y11 变为 ON，打开储料斗的闸门，开始装料，同时用定时器 T0 定时。10 s 定时时间到，Y11 变为 OFF，关闭储料斗的闸门，Y12 变为 ON，开始左行。碰到限位开关 X2 时 Y12 变为 OFF，停止左行，Y13 变为 ON，开始卸料，同时用定时器 T1 定时。5 s 后定时时间到，Y13 变为 OFF，停止卸料，Y10 变为 ON，开始右行，碰到限位开关 X1 后返回初始步，停止运行。

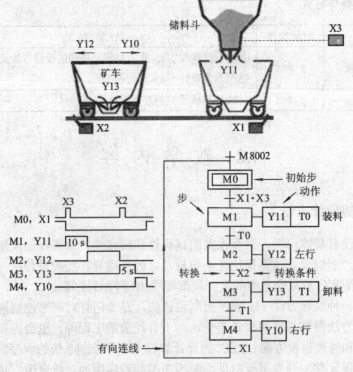

图 4-1　运料矿车控制系统的顺序功能图

根据 Y10～Y13 的 ON/OFF 状态的变化，可将一个工作周期分为装料、左行、卸料和右行这 4 步，另外还应设置等待启动的初始步，分别用 M0～M4 来代表这 5 步。图 4-1 左下侧是有关编程元件的波形图(时序图)，右下侧是描述该系统的顺序功能图，图中用矩形方框表示步，方框中可以用辅助继电器 M 的元件号作为步的编号(如 M0)，这样在根据顺序功能图设计时较为方便。

1) 初始步

与系统的初始状态对应的步称为初始步，初始状态一般是系统等待启动命令的相对静止的状态。初始步用双线方框表示，每一个顺序功能图至少应该有一个初始步。

2) 活动步

当系统正处于某一步所在的阶段时，该步处于活动步。步处于活动状态时，相应的动作被执行；处于不活动状态时，相应的非存储动作被停止执行。

3) 与步对应的动作或命令

一个控制系统可以划分为被控系统和施控系统，例如在数控车床系统中，数控装置是施控系统，而车床是被控系统。对于被控系统，在某一步中要完成某些"动作"；对于施控系统，在某一步中则要向被控系统发出某些"命令"。将动作或命令都简称为动作，并用矩形框中的文字或符号表示，该矩形框应与相应的步的符号相连。如果某一步有几个动作，则可以用如图 4-1 所示的形式表示，但是图中并不隐含这些动作之间的任何顺序。

2. 有向连线

在功能图中，随着时间的推移和转换条件的实现，将会发生步的活动状态的顺序进展，这种进展按有向连线规定的路线和方向进行。在画功能图时，将代表各步的方框按它们成为活动步的先后次序顺序排列，并用有向连线将它们连接起来。活动状态的进展方向习惯上是从上到下或从左到右，在这两个方向有向连线上的箭头可以省略。如果不是上述的方向，应在有向连线上用箭头注明进展方向。

3. 转换

转换是用有向连线上与有向连线垂直的短划线来表示的。转换将相邻两步分隔开。步的活动状态的进展是由转换的实现来完成的，并与控制过程的发展相对应。

4. 转换条件

如图 4-1 所示，使系统由当前步转入下一步的信号称为转换条件。转换条件可能是外部输入信号，如按钮、指令开关、限位开关的接通/断开等；也可能是 PLC 内部产生的信号，如定时器、计数器触点的接通/断开等；还可能是若干个信号的与、或、非逻辑组合。

4.2.2 机械手的控制

机械手是工业自动控制领域中经常遇到的一种控制对象。机械手可以完成许多工作，如搬物、装配、切割、喷染等，应用非常广泛。应用 PLC 控制机械手实现各种规定的工序动作，可以简化控制线路，节省成本，提高劳动生产率。

1. 机械手的工艺过程

如图 4-2 所示是一台工件传送的气动机械手的动作示意图，其作用是将工件从 A 点传递到 B 点。气动机械手的升降和左右移行分别由两个具有双线圈的两位电磁阀驱动气缸来完成，其中上升与下降对应电磁阀的线圈分别为 YV1 与 YV2，左移、右移对应电磁阀的线圈分别为 YV3 与 YV4。一旦电磁阀线圈通电，就一直保持现有的动作，直到相对的另一线圈通电为止。气动机械手的夹紧、松开的动作由只有一个线圈的两位电磁阀驱动的气缸完成，线圈(YV5)断电夹住工件，线圈(YV5)通电松开工件，以防止停电时工件跌落。机械手的工作臂都设有上、下限位和左、右限位的位置开关 SQ1、SQ2 和 SQ3、SQ4，夹持装置不带限位开关，它是通过一定的延时来表示其夹持动作的完成。机械手在最上面、最左边，且除松开的电磁线圈(YV5)通电外，其他线圈全部断电的状态为机械手的原位。

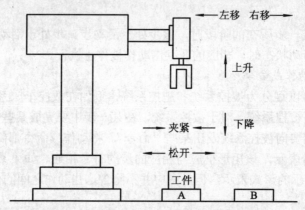

图 4-2　简易物料搬运机械手的工艺流程图

工艺过程为：当按下启动按钮时，机械手开始由原点下降，下降碰到下限位开关后，停止下降并接通夹紧电磁阀夹紧工件。为保证工件可靠夹紧，在该位置等待 5 s。夹紧后，上升电磁阀通电，开始上升，上升至碰到上限位开关后，停止上升，改为向右移动，右移至碰到右限位开关后，停止右移，改为下降，下降至碰到下限位开关后，下降电磁阀断电，停止下降，同时夹紧电磁阀断电，机械手将工件松开，放在右工作台上，为确保可靠松开，在该位置停留 5 s，然后上升，碰到上限位开关后改为左移，到原点时，碰到左限位开关，左移电磁阀断电，停止左移。至此，机械手搬运一个工件的全过程结束。

2. 机械手的动作要求

为了满足生产需要，很多工业设备要求设置多种工作方式，例如手动和自动两种工作方式，其中自动又包括连续、单周期、单步和回原位四种工作方式。

机械手整个搬运过程要求具有手动、单步、单周期、连续和回原位五种工作方式，如图 4-3 所示，五种工作方式用开关 SA 进行选择。手动工作方式时，用各操作按钮(SB5、SB6、SB7、SB8、SB9、SB10、SB11)来点动执行相应的各动作；单步工作方式时，每按一次启动按钮(SB3)，向前执行一步动作；单周期工作方式时，机械手在原位，按下启动按钮(SB3)，自动地执行一个工作周期的动作，最后返回原位(如果在动作过程中按下停止按钮，机械手停在该工序上，再按下启动按钮(SB3)，则又从该工序继续工作，最后停在原位)；连续工作方式时，机械手在原位，按下启动按钮(SB3)，机械手就连续重复进行工作(如果按下停止按钮(SB4)，则机械手运行到原位后停止)；回原位工作方式时，按下回原位按钮(SB11)，机械手自动回到原位状态。

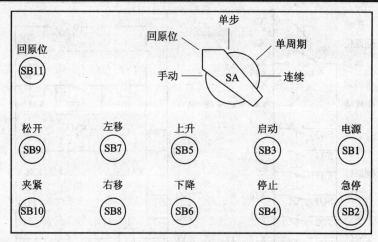

图 4-3　机械手操作面板示意图

如图 4-4 所示是机械手控制系统的逻辑流程图。系统启动之前，机械手处于原始位置，条件是机械手在高位、左位、松开。

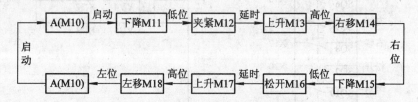

图 4-4　机械手控制系统的逻辑流程图

机械手动作要求如下：

(1) 机械手下降：当工作台 A 上有工件时，机械手开始下降。下降到低位时，碰到下限位开关，机械手停止下降。

(2) 夹紧工件：机械手在最低位开始夹紧工件，延时 5 s 抓住、抓紧。

(3) 机械手上升：机械手上升到高位时，碰到上限位开关，停止上升。

(4) 机械手右移：机械手右移到位时，碰到右限位开关，停止右移。

(5) 机械手下降：当机械手下降到 B 时，碰到下限位开关，机械手停止下降。

(6) 松开工件：机械手在最低位开始放松工件，延时 5 s。

(7) 机械手上升：机械手上升到高位时，碰到上限位开关，停止上升。

(8) 机械手左移：机械手在高位开始左移，碰到左限位开关，停止左移。

机械手工作的一个周期完成，等待工件在工作台 A 上出现再转到第一步，开始下一个工作循环。

3. I/O 分配

如图 4-5 所示为机械手控制系统 PLC 的 I/O 接线图，选用 FX2N-48MR 的 PLC，系统共有 18 个输入设备和 5 个输出设备，分别占用 PLC 的 18 个输入点和 5 个输出点。为了保证在紧急情况下(包括 PLC 发生故障时)，能可靠地切断 PLC 的负载电源，设置了交流接触器 KM。在 PLC 开始运行时按下"电源"按钮 SB2，使 KM 线圈得电并自锁，KM 的主触点接通，给输出设备提供电源；出现紧急情况时，按下"急停"按钮 SB1，KM 触点断开电源。

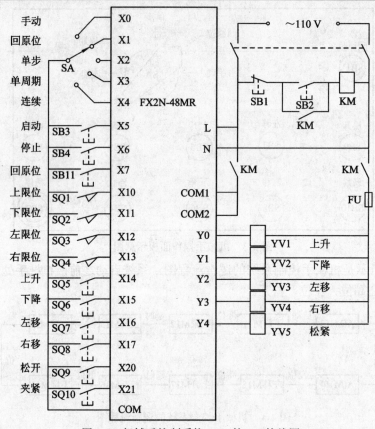

图 4-5　机械手控制系统 PLC 的 I/O 接线图

4. 顺序功能图和控制梯形图

图 4-6 所示为机械手控制系统自动控制的顺序功能图。该图是一种典型结构，这种结构可以用于其他具有多种工作方式的系统。

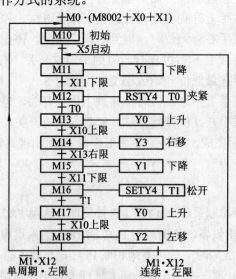

图 4-6　机械手控制系统自动控制的顺序功能图

控制梯形图如图 4-7 所示。

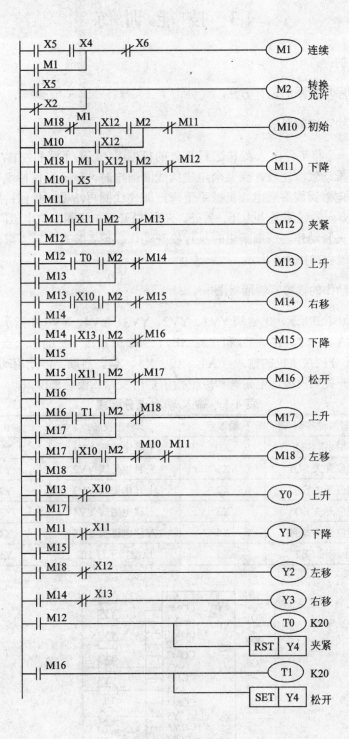

图 4-7 控制梯形图

4.3　技　能　训　练

一、实验目的

熟练掌握顺序功能图的设计方法。

二、机械结构和控制要求

图 4-2 中为一个将工件由 A 处传送到 B 处的机械手，上升/下降和左移/右移的执行用双线圈二位电磁阀推动气缸完成。当某个电磁阀线圈通电时，就一直保持现有的机械动作，例如一旦下降的电磁阀线圈通电，机械手下降，即使线圈再断电，仍保持现有的下降动作状态，直到相反方向的线圈通电为止。另外，夹紧/松开由单线圈二位电磁阀推动气缸完成，线圈通电时执行夹紧动作，线圈断电时执行松开动作。设备装有上、下限位和左、右限位开关，它的工作过程如图 4-6 所示。

三、机械手动作的模拟实验面板图

如表 4-1 和图 4-8 所示，电磁阀 YV1、YV2、YV3、YV4、YV5 和指示灯 HL 分别接主机的输出点 Y0、Y1、Y2、Y3、Y4 和 Y5；SB1、SB2 分别接主机的输入点 X0、X5；SQ1、SQ2、SQ3、SQ4 分别接主机的输入点 X1、X2、X3、X4。启动、停止用动断按钮来实现，限位开关用钮子开关来模拟，电磁阀和原位指示灯用发光二极管来模拟。

表 4-1　输入/输出点分配表

输入设备	输入点	输出设备	输出点
启动按钮 SB1	X0	下降电磁阀 YV1	Y0
下限位开关 SQ1	X1	夹紧电磁阀 YV2	Y1
上限位开关 SQ2	X2	上升电磁阀 YV3	Y2
右限位开关 SQ3	X3	右移电磁阀 YV4	Y3
左限位开关 SQ4	X4	左移电磁阀 YV5	Y4
停止按钮 SB2	X5	原位指示灯 HL	Y5

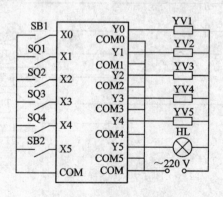

图 4-8　PLC 硬件接线图

四、编制梯形图

请读者按照要求编制梯形图并写出实验程序。

边 学 边 议

1. 按一下启动按钮，灯亮 10 s，暗 5 s，重复 3 次后停止工作。试设计梯形图。

2. 小车在初始状态时停在中间，限位开关 X0 为 ON，按下启动按钮 X0，Y0 得电带动小车右行，直到压下限位开关 X1，则小车停止，右行转为左行，Y1 得电，左行到压下限位开关 X2 后，改为右行，右行到 X0 后停止。画出顺序功能图以及梯形图。

3. 初始状态时某压力机的冲压头停在初始位置，限位开关 X2 为 ON，按下启动按钮 X0，输出继电器 Y0 控制的电磁阀线圈通电，冲压头下行。压倒工件后压力升高，压力继电器动作，使输入继电器 X1 变为 ON，用 T1 保压延时 5 s 后，Y0 变为 OFF，Y1 变为 ON，上行电磁阀线圈通电，冲压头上行。放回初始位置时碰到限位开关 X2，系统回到初始状态，Y1 变为 OFF，冲压头停止上行。画出控制系统的顺序功能图以及梯形图。

4. 小车初始状态停在限位开关 X4 上，按下启动按钮 X0，小车按图 4-9 所示运行，画出控制系统的顺序功能图以及梯形图。

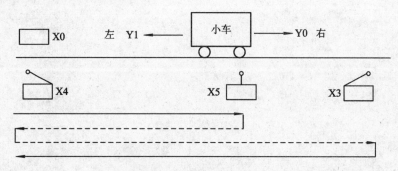

图 4-9　小车运行示意图 1

5. 小车初始状态停在 X0 位置上，按下启动按钮 X4，小车按图 4-10 所示的路径运行，画出控制系统的顺序功能图以及梯形图。

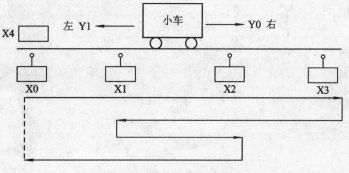

图 4-10　小车运行示意图 2

6. 粉末冶金制品压制机如图 4-11 所示。装好粉末后，按一下启动按钮 X0，冲头下行。将粉末压紧后，压力继电器 X1 接通。保压延时 5 s 后，冲头上行至 X2 接通。然后模具下行至 X4 接通。取走成品后，工人按下按钮 X5，模具上行至 X3 接通，系统返回初始状态。画出功能图并设计出梯形图(要求用三种不同的编程方式将功能图转换成梯形图)。

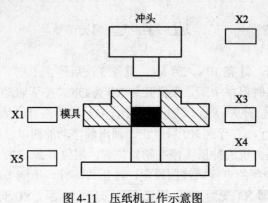

图 4-11　压纸机工作示意图

知识模块五 可编程控制器与人机界面

本模块主要介绍 mcgsTpc 嵌入式一体化触摸屏 TPC7062K 和 MCGS 嵌入版全中文工控组态软件的基本功能和主要特点。

5.1 教 学 组 织

一、教学目的

(1) 了解 TPC7062K 和 MCGS 嵌入版组态软件系统总体的结构框架。
(2) 学习使用 TPC7062K 和 MCGS 嵌入版组态软件的方法。

二、教学节奏与方式

	项 目	时间安排	教 学 方 式
1	教师讲授	2 学时	对照实际软件,重点介绍几种 TPC7062K 和 MCGS 嵌入版组态软件的配置与使用方法
2	课堂演示	2 学时	TPC7062K 和 MCGS 嵌入版组态软件工程举例
3	技能训练	2 学时	TPC7062K 和 MCGS 嵌入版组态软件工程举例实验练习

5.2 教 学 内 容

5.2.1 PLC 与组态软件的连接

组态软件是在 PC 上建立工业控制对象的一种人机接口软件,这个软件主要以 Windows 中文操作系统作为操作平台,它充分利用了 Windows 图形功能完备、界面一致性好、易学易用的特点。它使采用 PC 开发的系统工程比以往使用专用机开发的工业控制系统更有通用性,大大减少了工控软件开发者的重复性工作,并可运用 PC 丰富的软件资源进行二次开发。

1. TPC7062K 产品外观及启动

TPC7062K 产品外观如图 5-1 所示，使用 24 V 直流电源给 TPC 供电，开机启动后屏幕出现"正在启动"提示进度条，此时不需要任何操作，系统会自动进入工程运行界面。

图 5-1　TPC7062K 产品外观

2. MCGS 嵌入版组态软件

MCGS 嵌入版组态软件是由昆仑通态公司专门开发的用于 mcgsTpc 的组态软件，主要完成现场数据的采集与监测、前端数据的处理与控制。

MCGS 嵌入版组态软件与其他相关的硬件设备结合，可以快速、方便地开发各种用于现场采集、数据处理和控制的设备。如可以灵活组态各种智能仪表及数据采集模块、无纸记录仪、无人值守的现场采集站、人机界面等专用设备。

1）MCGS 嵌入版组态软件的主要功能

（1）具有简单灵活的可视化操作界面：采用全中文、可视化的开发界面，符合中国人的使用习惯和要求。

（2）实时性强，有良好的并行处理性能：是真正的 32 位系统，以线程为单位对任务进行分时并行处理。

（3）丰富、生动的多媒体画面：以图像、图符、报表、曲线等多种形式，为操作员及时提供相关信息。

（4）完善的安全机制：提供了良好的安全机制，可以为多个不同级别的用户设定不同的操作权限。

（5）具有强大的网络通信功能。

（6）多样化的报警功能：提供多种不同的报警方式，具有丰富的报警类型，方便用户进行报警设置。

（7）支持多种硬件设备。

总之，MCGS 嵌入版组态软件具有与通用组态软件一样强大的功能，并且操作简单，易学易用。

2）MCGS 嵌入版组态软件的组成

MCGS 嵌入版生成的用户应用系统由主控窗口、设备窗口、用户窗口、实时数据库和运行策略五个部分构成，如图 5-2 所示。

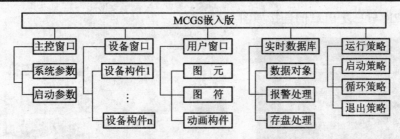

图 5-2　MCGS 嵌入版组态软件的组成

(1) 主控窗口：构造了应用系统的主框架。主控窗口确定了工业控制中工程作业的总体轮廓，以及运行流程、特性参数和启动特性等内容，是应用系统的主框架。

(2) 设备窗口：是 MCGS 嵌入版系统与外部设备联系的媒介。设备窗口专门用来放置不同类型和功能的设备构件，实现对外部设备的操作和控制。设备窗口通过设备构件把外部设备的数据采集进来，送入实时数据库，或把实时数据库中的数据输出到外部设备。

(3) 用户窗口：实现了数据和流程的"可视化"。用户窗口中可以放置三种不同类型的图形对象：图元、图符和动画构件。通过在用户窗口内放置不同的图形对象，用户可以构造各种复杂的图形界面，用不同的方式实现数据和流程的"可视化"。

(4) 实时数据库：是 MCGS 嵌入版系统的核心。实时数据库相当于一个数据处理中心，同时也起到公共数据交换区的作用。从外部设备采集来的实时数据被送入实时数据库，系统其他部分操作的数据也来自于实时数据库。

(5) 运行策略：是对系统运行流程实现有效控制的手段。运行策略本身是系统提供的一个框架，其里面放置由策略条件构件和策略构件组成的"策略行"。通过对运行策略的定义，可使系统按照设定的顺序和条件操作任务，实现对外部设备工作过程的精确控制。

3. 嵌入式系统的体系结构

嵌入式组态软件的组态环境和模拟运行环境相当于一套完整的工具软件，可以在 PC 上运行。

嵌入式组态软件的运行环境则是一个独立的运行系统，它按照组态工程中用户指定的方式进行各种处理，完成用户组态设计的目标和功能。运行环境本身没有任何意义，必须与组态工程一起作为一个整体，才能构成用户应用系统。一旦组态工作完成，并且将组态好的工程通过 USB 口下载到嵌入式一体化触摸屏的运行环境中，组态工程就可以离开组态环境而独立运行在 TPC 上，从而实现了控制系统的可靠性、实时性、确定性和安全性。

4. PLC 与组态软件的连接

TPC7062K 与组态计算机的连接如图 5-3 所示。

图 5-3　TPC7062K 与组态计算机的连接

TPC7062K 与三菱 PLC 的连接如图 5-4 所示。

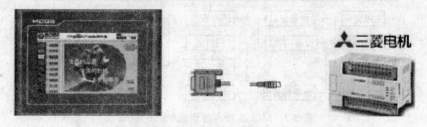

图 5-4　TPC7062K 与三菱 PLC 的连接

TPC7062K 与 FX 系列编程口的连接如图 5-5 所示。

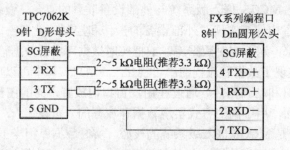

图 5-5　TPC7062K 与 FX 系列编程口的连接

5.2.2　软件安装与工程下载

1. 安装 MCGS 嵌入版组态软件

MCGS 嵌入版只有一张安装光盘，具体安装步骤如下：

(1) 插入光盘后，从 Windows 的光盘驱动器运行光盘中的 Autorun.exe 文件，MCGS 安装程序窗口如图 5-6 所示。

图 5-6　MCGS 安装程序窗口

(2) 在安装程序窗口中单击"安装组态软件"按钮，弹出安装程序窗口，单击"下一步"按钮，启动安装程序，如图 5-7 所示。

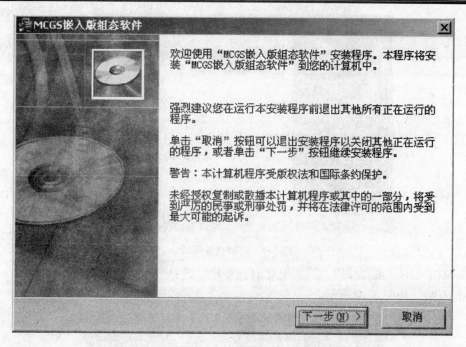

图 5-7 安装程序

(3) 按提示步骤操作，随后，安装程序将提示指定安装目录，用户不指定时，系统缺省安装到 D:\MCGSE 目录下，建议使用缺省目录，如图 5-8 所示，系统安装大约需要几分钟。

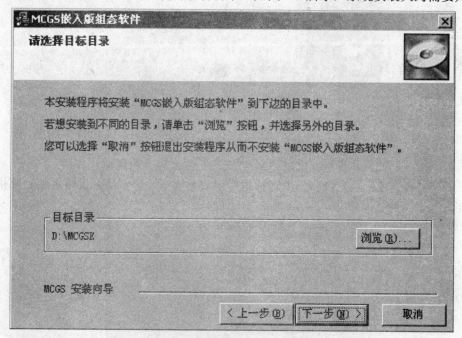

图 5-8 指定安装目录

(4) MCGS 嵌入版主程序安装完成后，继续安装设备驱动，选择"是"按钮，如图 5-9 所示。

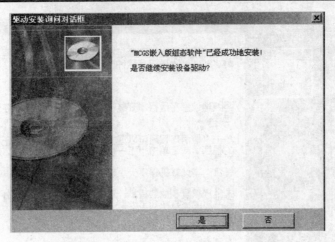

图 5-9　安装设备驱动

(5) 单击"下一步"按钮，进入驱动安装程序，选择"所有驱动"，再单击"下一步"按钮进行安装，如图 5-10 所示。

图 5-10　选择安装的驱动

(6) 选择好后，按提示操作，MCGS 驱动程序安装过程大约需要几分钟。

(7) 安装过程完成后，系统将弹出对话框提示安装完成，提示是否重新启动计算机，选择重启后，完成安装，如图 5-11 所示。

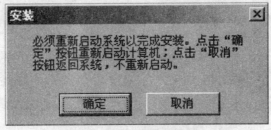

图 5-11　提示重启计算机

(8) 安装完成后，Windows 操作系统的桌面上添加了如图 5-12 所示的两个快捷方式图标，分别用于启动 MCGS 嵌入式组态环境和模拟运行环境。

图 5-12　快捷方式图标

2. 连接 TPC7062K 和 PC

将普通的 USB 线(如图 5-13 所示)，一端为扁平接口，插到电脑的 USB 口，一端为微型接口，插到 TPC 端的 USB2 口。

图 5-13　USB 线

3. 工程下载

点击工具条中的下载 按钮，进行下载配置。选择"连机运行"，连接方式选择"USB通讯"，然后单击"通讯测试"按钮，通讯测试正常后，点击"工程下载"按钮，如图 5-14 和图 5-15 所示。

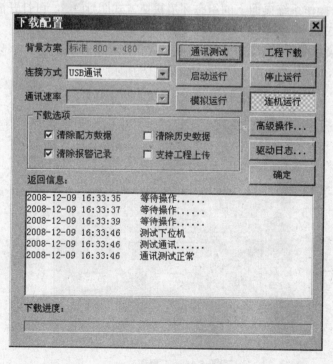

图 5-14　通讯测试

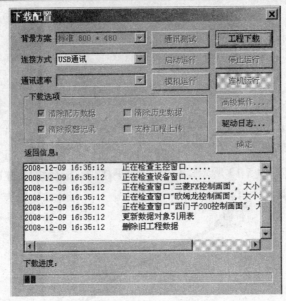

图 5-15　工程下载

5.3　课堂演示——MCGS 嵌入版组态

本节主要介绍 MCGS 嵌入版与三菱 FX 系列 PLC 连接的组态过程。

1. 工程建立

双击 Windows 操作系统桌面上的组态环境快捷方式图标，可打开嵌入版组态软件，然后按如下步骤建立通讯工程：

(1) 单击文件菜单中的"新建工程"选项，弹出"新建工程设置"对话框，TPC 类型选择为"TPC7062K"，单击"确定"按钮，如图 5-16 所示。

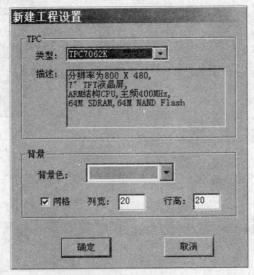

图 5-16　工程建立

(2) 选择文件菜单中的"工程另存为"菜单项，弹出文件保存窗口。

(3) 在文件名一栏内输入"TPC 通讯控制工程"，单击"保存"按钮，工程创建完毕。

2. 工程组态

下面通过实例介绍 MCGS 嵌入版组态软件中建立同三菱 FX 系列 PLC 编程口通讯的步骤，实际操作地址是三菱 PLC 中的 Y0、Y1、Y2、D0 和 D2。

1) 设备组态

(1) 在工作台中激活设备窗口，鼠标双击 进入设备组态画面，然后单击工具条中的 打开"设备工具箱"，如图 5-17 所示。

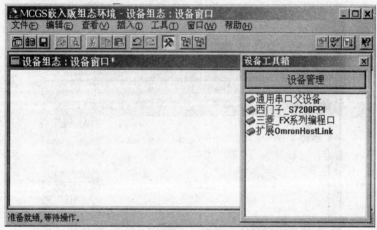

图 5-17 打开"设备工具箱"

(2) 在设备工具箱中，按先后顺序双击"通用串口父设备"和"三菱_FX 系列编程口"，将其添加至组态画面，如图 5-18 所示。在如图 5-19 所示的提示框中，选择"是"按钮。

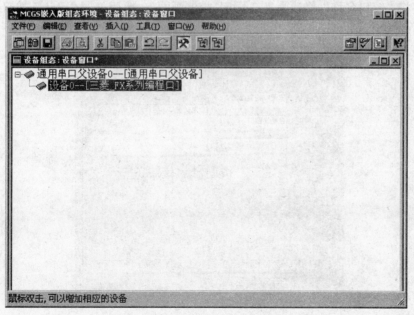

图 5-18 添加组态画面

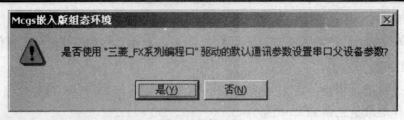

图 5-19　提示框

所有操作完成后关闭设备窗口，返回工作台。

2) 窗口组态

(1) 在工作台中激活用户窗口，鼠标单击"新建窗口"按钮，建立新画面"窗口 0"，如图 5-20 所示。

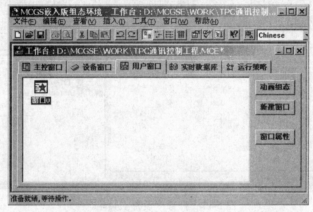

图 5-20　建立新画面"窗口 0"

(2) 接下来单击"窗口属性"按钮，弹出"用户窗口属性设置"对话框，在"基本属性"选项卡中，将"窗口名称"修改为"三菱 FX 控制画面"，然后单击"确认"按钮进行保存，如图 5-21 所示。

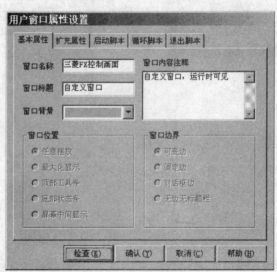

图 5-21　设置窗口属性

(3) 在用户窗口双击▣进入"动画组态三菱 FX 控制画面",单击 ✖ 按钮打开"工具箱"。

(4) 建立基本元件。

① 按钮:从工具箱中选中"标准按钮"构件,在窗口编辑位置按住鼠标左键,拖放出一定大小后,松开鼠标左键,这样一个按钮构件就绘制在窗口画面中了,如图 5-22 所示。

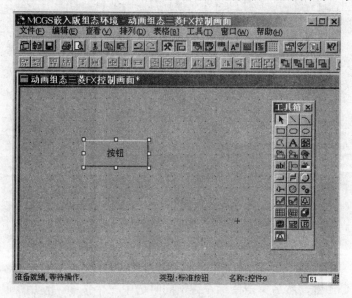

图 5-22 绘制按钮构件

接下来双击该按钮打开"标准按钮构件属性设置"对话框,在"基本属性"选项卡中,将"文本"修改为"Y0",然后单击"确认"按钮进行保存,如图 5-23 所示。

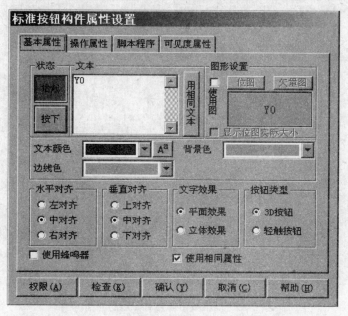

图 5-23 "标准按钮构件属性设置"对话框

按照同样的操作分别绘制另外两个按钮，将"文本"分别修改为"Y1"和"Y2"，完成后的界面如图 5-24 所示。

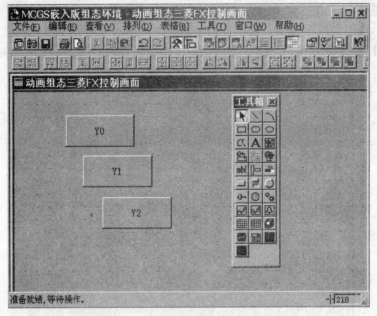

图 5-24　Y0、Y1、Y2 完成后的界面

按住键盘的 Ctrl 键，然后单击鼠标左键，同时选中三个按钮，使用工具栏中的等高宽、左(右)对齐和纵向等间距对三个按钮进行排列对齐，如图 5-25 所示。

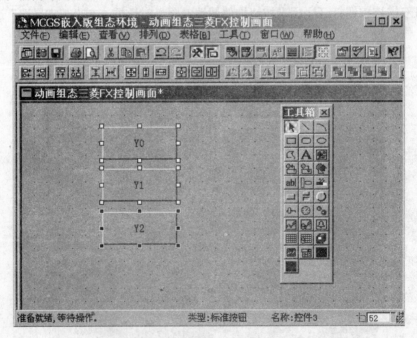

图 5-25　三个按钮排列对齐后的界面

② 指示灯：单击工具箱中的"插入元件"按钮，打开"对象元件库管理"对话框，选

中图形对象库指示灯中的一款，单击"确认"按钮将其添加到窗口画面中，并调整大小。
用同样的方法再添加两个指示灯，将其摆放在窗口中按钮旁边的位置，如图 5-26 所示。

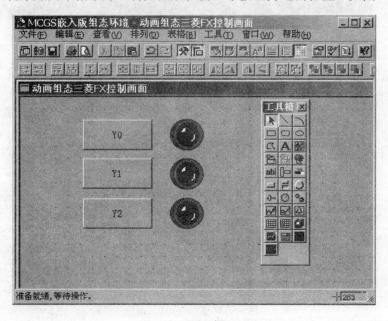

图 5-26　指示灯的摆放

③ 标签：单击选中工具箱中的"标签"构件，在窗口按住鼠标左键，拖放出一定大小
的"标签"，如图 5-27 所示。

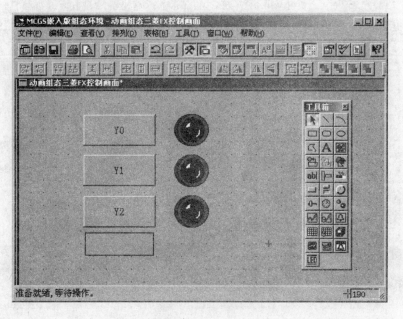

图 5-27　绘制标签

双击该标签，弹出"标签动画组态属性设置"对话框，在"扩展属性"选项卡中，将
"文本内容输入"设置为"D0"，然后单击"确认"按钮，如图 5-28 所示。

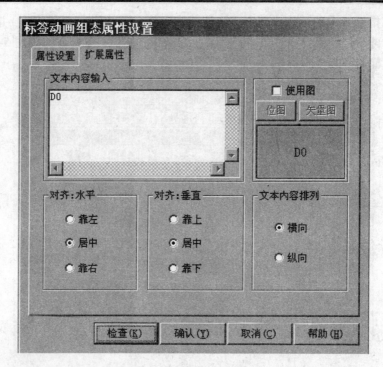

图 5-28　设置标签属性

用同样的方法再添加另一个标签，将"文本内容输入"设置为"D2"，如图 5-29 所示。

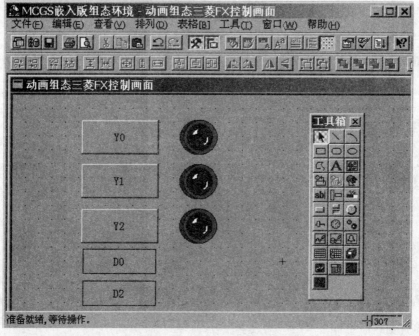

图 5-29　设置另一个标签

④ 输入框：单击工具箱中的"输入框"构件，在窗口按住鼠标左键，拖放出两个一定大小的"输入框"，将其分别摆放在 D0、D2 标签的旁边位置，如图 5-30 所示。

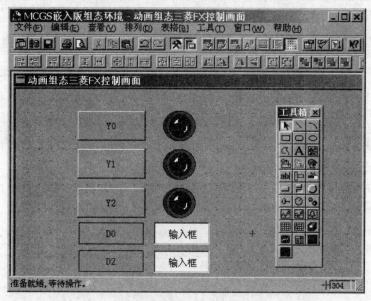

图 5-30　绘制输入框

(5) 建立数据链接。

① 按钮：双击"Y0"按钮，弹出"标准按钮构件属性设置"对话框，如图 5-31 所示，在"操作属性"选项卡中，默认"抬起功能"按钮为按下状态，勾选"数据对象值操作"选项，选择"清 0"操作。

图 5-31　"操作属性"选项卡

单击 ? 按钮，弹出"变量选择"对话框，选择"根据采集信息生成"选项，通道类型选择"Y 输出寄存器"，通道地址为"0"，读写类型选择"读写"，如图 5-32 所示，设置完成后单击"确认"按钮。

图 5-32　"变量选择"对话框

即在 Y0 按钮抬起时，对三菱 FX 的 Y0 地址"清 0"，如图 5-33 所示。

图 5-33　按钮的设置 1

用同样的方法，单击"按下功能"按钮，进行设置，选择"数据对象值操作"→"置 1"→"设备 0_读写 Y0000"，如图 5-34 所示。

图 5-34　按钮的设置 2

用同样的方法分别对 Y1 和 Y2 按钮进行设置。

Y1 按钮→"抬起功能"时"清 0"，"按下功能"时"置 1"→变量选择→Y 输出寄存器，通道地址为 1。

Y2 按钮→"抬起功能"时"清 0"，"按下功能"时"置 1"→变量选择→Y 输出寄存器，通道地址为 2。

② 指示灯：双击按钮 Y0 旁边的指示灯元件，弹出"单元属性设置"对话框，在"数据对象"选项卡中，单击 ? 按钮，选择数据对象为"设备 0_读写 Y0000"，如图 5-35 所示。

图 5-35　指示灯的设置

用同样的方法将 Y1 按钮和 Y2 按钮旁边的指示灯分别连接变量"设备 0_读写 Y0001"和"设备 0_读写 Y0002"。

③ 输入框：双击 D0 标签旁边的输入框构件，弹出"输入框构件属性设置"对话框，在"操作属性"选项卡中，单击 ? 按钮，进行变量选择，选择"根据采集信息生成"选项，通道类型选择"D 数据寄存器"，通道地址为"0"，数据类型选择"16 位无符号二进制"，读写类型选择"读写"，如图 5-36 所示，完成后单击"确认"按钮进行保存。

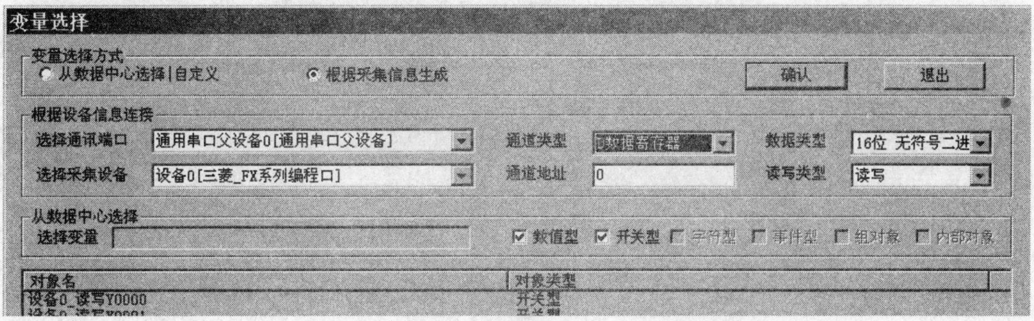

图 5-36　输入框的设置

用同样的方法对 D2 标签旁边的输入框进行设置，在"操作属性"选项卡中，选择对应的数据对象：通道类型选择"D 数据寄存器"，通道地址为"2"，数据类型选择"16 位无符号二进制"，读写类型选择"读写"。

组态完成后，下载到 TPC 的步骤请参考图 5-14 所示的工程下载。

5.4 技能训练

一、实训目的

熟悉 TPC7062K 组态软件建立工程的方法。

二、实验原理及实训电路

参照 5.3 节的内容。

三、实验步骤

参照 5.3 节的内容。

边学边议

说明组态软件的使用及组态画面的设计方法。

知识模块六　PLC 在 Z3040 摇臂钻床控制中的应用

　　金属切削加工机床的种类很多。其中，车床、铣床、刨床、磨床是最常见的机床。近年来组合机床也渐渐增多，较先进的金属加工机床是工作母机，也叫机械加工中心。长期以来，金属切削加工机床多采用继电器控制电路实现电气控制。其实，这类机械的电气控制主要以逻辑控制为主，这正是可编程控制器工作的强项。因而，PLC 在机械加工机床电气控制领域得到了越来越多的应用。不但许多新品机床开始采用 PLC 作为主要控制设备，而且旧的机床电路也开始用 PLC 实现电气改造。

6.1　教　学　组　织

一、教学目的

(1) 掌握 Z3040 摇臂钻床电器设备的分布。
(2) 掌握 Z3040 摇臂钻床的工作原理。
(3) 掌握 Z3040 摇臂钻床的 PLC 控制方案。

二、教学节奏与方式

	项　目	时间安排	教　学　方　式
1	教师讲授	4 学时	教学前参观实物，重点讲解钻床工作原理及 PLC 控制方案设计
2	技能训练	2 学时	对 Z3040 摇臂钻床进行 PLC 控制方案设计

6.2　教　学　内　容

　　摇臂钻床利用旋转的钻头对工件进行加工，它由底座、内/外立柱、摇臂、主轴箱和工作台构成。主轴箱固定在摇臂上，可以沿摇臂径向运动。摇臂借助于丝杆，可以作升降运动，也可以与外立柱固定在一起，沿内立柱旋转。钻削加工时，通过夹紧装置，主轴箱紧固在摇臂上，摇臂紧固在外立柱上，外立柱紧固在内立柱上。

6.2.1　Z3040 摇臂钻床电器设备的分布

机械加工机床的加工运动往往是机械与电气配合实现的。在讨论电气电路之前，需弄清电器的设置及电臂控制的分工。Z3040 摇臂钻床设有 4 台电动机，即主轴电动机、冷却泵电动机、摇臂升降电动机及液压泵电动机。

主轴电动机提供主轴转动的动力，是钻床加工主运动的动力源。主轴应具有正反转功能，但主轴电动机只有正转工作模式，反转由机械方法实现。

冷却泵电动机用于提供冷却液，只需正转。

摇臂升降电动机提供摇臂升降的动力，需正反转。

液压泵电动机提供液压油，用于摇臂钻床利用旋转的钻头对工件进行加工。

Z3040 摇臂钻床的外观及电器设备分布如图 6-1 所示。

Z3040 摇臂钻床的操作主要通过手轮及按钮实现。手轮用于主轴箱在摇臂上的移动，这是手动的。按钮用于主轴的启动停止、摇臂的上升下降、立柱主轴箱的放松及夹紧等操作，再配合限位开关完成机床调节的各种动作。图 6-1 中给出了 Z3040 摇臂钻床的电器布置，电器元件表如表 6-1 所示。

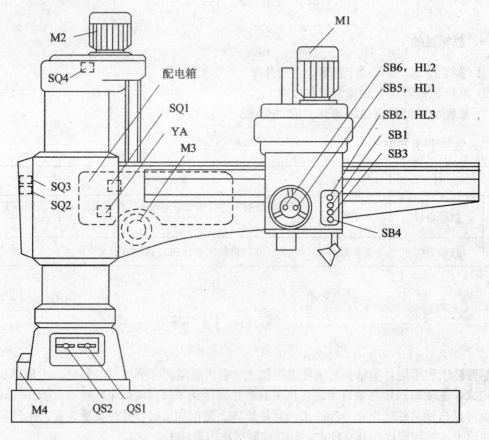

图 6-1　Z3040 摇臂钻床的外观及电器设备分布

表 6-1　电 器 元 件 表

符号	名　称	型　号	规　格
FR1	主轴电动机热继电器	JR0-40	热元件 4～6.4 A
FR2	液压电动机热继电器	JR0-40	热元件 1～1.6 A
FU1	主电源熔断器	RL1-60	熔体 20 A
FU2	摇臂液压电动机控制电路熔断器	RL1-15	熔体 10 A
HL1	立柱主轴箱放松指示灯	LA19-11D	黄色、6.3 V、装于 SB5 内
HL2	立柱主轴箱夹紧指示灯	LA19-11D	黄色、6.3 V、装于 SB6 内
HL3	立柱运转指示灯	LA19-11D	黄色、6.3 V、装于 SB2 内
KM1	主轴电动机接触器	CJ0-20B	线圈电压 127 V
KM2	摇臂上升接触器	CJ0-10B	线圈电压 127 V
KM3	摇臂下降接触器	CJ0-10B	线圈电压 127 V
KM4	液压电动机正向接触器	CJ0-10B	线圈电压 127 V
KM5	液压电动机反向接触器	CJ0-10B	线圈电压 127 V
KT	时间继电器	JS7-4A	线圈电压 127 V
M1	主轴电动机	J02-32-4,T2	3 kW、380 V、6.5 A、1430 r/min
M2	摇臂升降电动机	J02-21-4,T2	1.1 kW、380 V、2.68 A、1410 r/min
M3	液压电动机	J02-11-4,T2	0.6 kW、380 V、1.62 A、1380 r/min
M4	冷却泵电动机	JCB-22	0.25 kW、380 V、0.43 A、2790 r/min
QS1	主电源组合开关	HZ2-25/3	
QS2	冷却泵电动机组合开关	HZ2-10/3	
SB1	主轴停止按钮	LA19-11	
SB2	主轴启动按钮	LA19-11D	
SB3	摇臂上升按钮	LA19-11	
SB4	摇臂下降按钮	LA19-11	
SB5	立柱主轴箱放松按钮	LA19-11D	
SB6	立柱主轴箱夹紧按钮	LA19-11D	
SQ1	上下限位组合开关	HZ4-22	
SQ2	摇臂松开行程开关	LX5-11	
SQ3	摇臂夹紧行程开关	LX5-11	
SQ4	立柱主轴箱夹紧行程开关	LX3-11K	
YA	液压分配电磁阀	MQJ1-3	线圈电压 127 V

以继电器控制构成的电气原理图如图 6-2 所示。

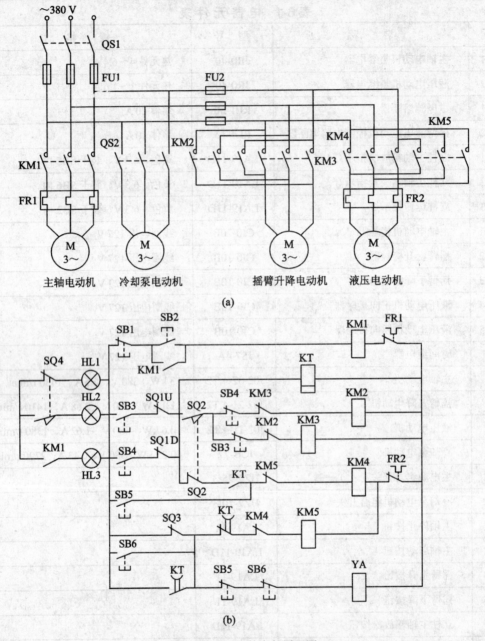

图 6-2　Z3040 的电气原理图

(a) Z3040 继电器控制主电路；(b) Z3040 继电器控制电路

6.2.2　Z3040 摇臂钻床继电器原理图解读

在讨论 Z3040 摇臂钻床的 PLC 控制方案前,仔细解读它的继电器控制电路图是有益的。图 6-2 中 380 V 交流电源经手动转换开关 QS1,进入电动机主电路和控制电路的电源变压器 TC。主轴电动机 M1 由接触器 KM1 控制,摇臂升降电动机 M2 由接触器 KM2 和 KM3 控制,液压电动机 M3 由接触器 KM4 和 KM5 控制，冷却泵电动机 M4 的功率较小，由组合开关 QS2 手动控制。

机床操作情况如下：

(1) 按下主轴启动按钮 SB2，接触器 KM1 得电吸合且自保持，主轴电动机 M1 运转。按下停止按钮 SB1，主轴电动机停止。

(2) 需要摇臂上升时，按下摇臂上升按钮 SB3，时间继电器 KT 得电，其瞬时动合触头和瞬时闭合延时打开的动合触头使接触器 KM4 和电磁阀 YA 动作，液压电动机 M3 启动，液压油进入摇臂装置的油缸，使摇臂松开。待完全松开后，行程开关 SQ2 动作，其动断触头断开使接触器 KM4 断电释放，液压电动机 M3 停止运转，其动合触头接通，使接触器 KM2 得电吸合，摇臂升降电动机 M2 正向启动，带动摇臂上升。

上升到所需的位置后，松开上升按钮 SB3，时间继电器 KT、接触器 KM2 断电释放，摇臂升降电动机 M2 停止运转，摇臂停止上升。延时 1～3 s 后，时间继电器 KT 的动断触头闭合，动合触头断开，但由于夹紧到位行程开关 SQ3 的动断触头处于导通状态，故 YA 继续处于吸合状态，接触器 KM5 吸合，液压电动机 M3 反向启动，向夹紧装置油缸中反向注油，使夹紧装置动作。夹紧完毕后，行程开关 SQ3 动作，接触器 KM5 断电释放，液压电动机 M3 停止运转，电磁阀 YA 断电。

时间继电器 KT 的作用是适应 SB3 松开到摇臂停止上升之间的惯性时间，避免摇臂惯性上升中突然夹紧。

(3) 需要摇臂下降时，按下摇臂下降按钮 SB4，动作过程与摇臂上升时相似。

(4) 立柱和主轴箱同时夹紧和同时松开。按下立柱和主轴箱松开按钮 SB5，接触器 KM4 得电吸合，液压电动机 M3 正向启动，由于电磁阀 YA 没有得电，处于释放状态，因此液压油经 2 位 6 通阀分配至立柱和主轴箱松开油缸，立柱和主轴箱夹紧装置松开。

按下立柱和主轴箱夹紧按钮 SB6，接触器 KM5 得电吸合，M3 反向启动，液压油分配至立柱和主轴箱夹紧油缸，立柱和主轴箱夹紧装置夹紧。

(5) 摇臂升降限位保护是靠上下限位开关 SQ1U 和 SQ1D 实现的。上升到极限位置后，SQ1U 动断触头断开，摇臂自动夹紧，同松开上升按钮 SB3 动作相同；下降到极限位置后，SQ1D 动断触头断开，摇臂自动夹紧，同松开下降按钮 SB4 动作相同。

6.2.3　Z3040 摇臂钻床的 PLC 控制方案

1. 机型选择及硬件连接

采用可编程控制器的 Z3040 摇臂钻床的操作及功能应与采用继电器控制电路时的操作及功能完全一致。机床原配的按钮、限位开关、变压器、指示灯、热继电器、接触器等电器均需保留。作为主要操作器件的按钮及限位开关要接入 PLC 的输入口，每个(组)触点占用一个输入口。作为主要执行器件的接触器及电磁阀线圈要接入 PLC 的输出口，每个(组)线圈也要占用一个输出口。指示灯按理也需接入输出口，但如控制触点在硬件连接上与其他控制功能不冲突，不接入 PLC 也是可以的，本次采用不接入方案。热继电器也有接入 PLC 与不接入 PLC 两种方案：不接入 PLC 时，可直接将热继电器的触点和相关接触器的线圈串联起来；接入输入口时，则需通过程序设置热继电器的控制功能。本次热继电器采用机外连接方案。此外，原电路中接触器 KM2 与 KM3、KM4 与 KM5 之间均设有互锁触点，考虑到硬件互锁比软件互锁更可靠，它们的互锁也设在机外进行。清点 Z3040 摇臂钻床需接入 PLC 的输入/输出器件后，确定需输入口 14 个及输出口 6 个，据此选用三菱 FX2N 系列 PLC。FX2N-32MR 是一种具有 16 个输入口及 16 个输出口的 PLC，输出口为继电器型，也可以选用 FX2N-16MR，再扩展 16 点的一个输入扩展单元。

　　系统的硬件连接如图 6-3 所示，各端口的标号都标在了图上。选用定时器 T37 代替原电路中的 KT，另为编程需要还选用了 M100 及 M101 两个辅助继电器。

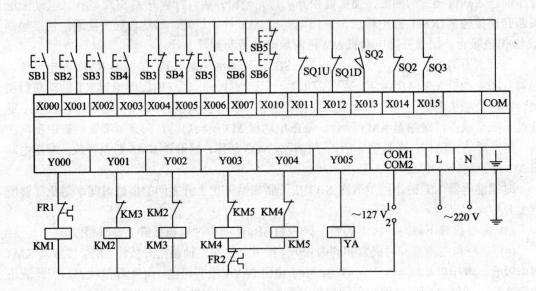

图 6-3　Z3040 摇臂钻床的 PLC 接线

2. Z3040 摇臂钻床的 PLC 程序编制

　　Z3040 摇臂钻床的 PLC 程序以梯形图语言设计将原有控制逻辑进行改绘。在继电器控制电路中，由于器件的触点有限，往往一个触点具有较多的功能，体现在电气原理图上是一些触点接有复杂的触点及线圈的组合，如图 6-2 中 SB3 与 SQ1U 串联及 SB4 与 SQ1D 串联再并联的区域之后连接着复杂的触点及线圈组合。这样的区域在改绘为梯形图时十分不便。这时可以发挥 PLC 具有许多辅助继电器的特点，将继电器控制电路中的一些触点区域的功能用辅助继电器代替，经这样的简化处理，最后一般都能得到结构简单的梯形图。在进行继电器控制电路图向梯形图转化时还需注意实际电器与 PLC 模拟电器功能上的差异，如图中时间继电器 KT 是具有瞬动触点的，而 PLC 的定时器不具有这种功能，这时可用与定时器并联的辅助继电器触点代替。

　　设计并调试成功的 Z3040 摇臂钻床 PLC 控制程序如图 6-4 所示。图中辅助继电器 M100 的触点即可用来表示 SB3 与 SQ1U 串联及 SB4 与 S01D 串联再并联区域的逻辑状态及图 6-2 中时间继电器 KT 的瞬动触点。

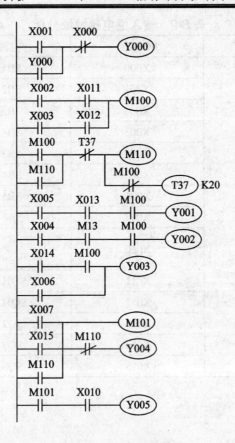

图 6-4　PLC 控制电路

6.3　技能训练

一、实训目的

(1) 熟悉 PLC 外部接线。

(2) 掌握输入继电器与输入端子的关系。

(3) 理解 PLC 在控制钻床中的作用。

二、实训原理及实训电路

1. 实训原理

模拟 PLC 控制钻床现场，按照理论讲授内容将线路接好，通过对不同功能按钮的操作，观察输出信号的亮灭。

2. 编程元件的地址分配

输入继电器地址分配如表 6-2 所示。

表 6-2　输入继电器地址分配

编程元件	I/O 端子	电路元件
	X000	SB1 常开
	X001	SB2 常开
	X002	SB3 常开
	X003	SB4 常开
	X004	SB3 常闭
	X005	SB4 常闭
输入继电器	X006	SB5 常开
	X007	SB6 常开
	X010	SB5 常闭 SB6 常闭
	X011	SQ1U 常闭
	X012	SQ1D 常闭
	X013	SQ2 常开
	X014	SQ2 常闭
	X015	SQ3 常闭

3. 实训电路

实训电路图见图 6-3。

三、参考梯形图

参考梯形图见图 6-4。

<h1 align="center">边 学 边 议</h1>

1. Z3040 摇臂钻床由哪些部分组成？各部分的作用是什么？

2. Z3040 摇臂钻床在摇臂升降过程中，液压泵电动机和摇臂升降电动机应如何配合工作？并以摇臂上升为例叙述电路工作情况。

3. Z3040 摇臂钻床电路中，时间继电器 KT1、KT2、KT3 的作用是什么？

4. Z3040 摇臂钻床电路中，行程开关的作用是什么？

5. 分析 Z3040 的主电路和控制电路，并列出 PLC 程序中的输入点和输出点。

6. 分析 Z3040 的 PLC 程序。

知识模块七　PLC 在恒压供水系统中的应用

本模块主要介绍使用变频器和 PLC 实现恒压供水系统的设计方法。

7.1　教 学 组 织

一、教学目的

(1) 掌握 PLC 与变频器的连接及使用方法。

(2) 掌握利用 PLC 和变频器恒压供水系统的设计方法。

二、教学节奏与方式

	项　　目	时间安排	教 学 方 式
1	教师讲授	6 学时	重点介绍恒压供水系统的设计思路以及 PLC 输入/输出模块的使用方法及变频器的使用方法
2	课堂演示	2 学时	(1) 怎样连接 FX2N-4AD 和 FX2N-2DA；(2) 怎样使用变频器
3	技能训练	4 学时	熟悉恒压供水系统的实现方案

7.2　教 学 内 容

7.2.1　恒压供水系统的基本构成

为达到恒压供水目的，供水系统由多台水泵和一台变频器及 PLC 控制器组成。这样能克服因一台水泵故障导致整个供水系统瘫痪的缺陷，而且能使每台水泵轮流处于高效节能运行状态，既节约了能源又延长了水泵的使用寿命。以控制三台电机运行为例，系统硬件结构图如图 7-1 所示。

图 7-1 中压力传感器用于检测管网中的水压，装设在泵站的出水口处。用水量大时，水压降低；用水量小时，水压升高。压力传感器将水压的变化转变为电流或电压信号送给变频器。

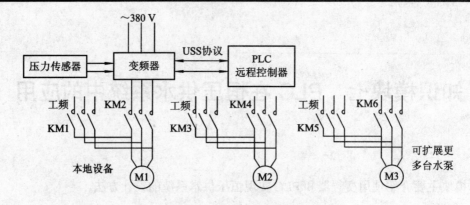

图 7-1 变频恒压供水系统的基本构成

根据实际要求，给恒压供水系统设置了如下控制功能：

(1) 手动：转换开关置于手动位置，能直接启停每台工频水泵，每台水泵的状态由对应手动开关位置决定。

(2) 停止：转换开关置于停止位置，设备进入停机状态，任何水泵都不能启动。

(3) 自动：转换开关置于自动位置，设备进入自动运行状态，PLC 按变频水泵循环工作方式对三台水泵进行自动控制，其控制过程可用图 7-2 所示的流程框图表示。

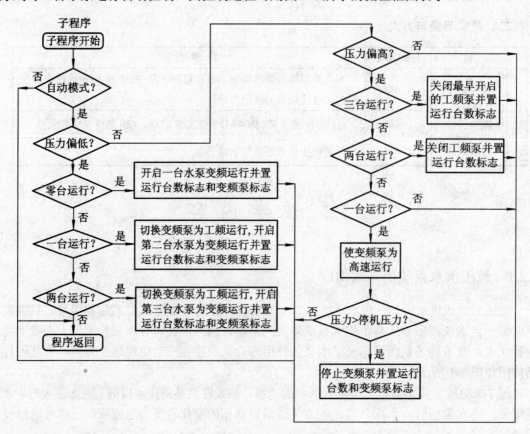

图 7-2 水泵控制流程框图

如果不使用 PLC，则压力传感器送来的信号需要经一个调节器再送给变频器。调节器的作用如下：

(1) 设定水管压力的给定值。恒压供水水压的高低根据需要进行设定。供水距离越远，用水地点越高，系统所需供水压力就越大。给定值就是系统正常工作时的恒压值。有些供水系统可能有多种用水目的，如将生活用水与消防用水共用一个泵站，水压的设定值可能不止一个，一般消防用水的水压要高一些。调节器具有给定值设定功能，可以用数字量进行设定，有的调节器也用模拟量方式进行设定。

(2) 接收传感器送来的管网水压的实测值。管网实测水压回送到泵站控制装置的过程称为反馈，调节器是反馈的接收点。

(3) 根据给定值与实测值的综合，依一定的调节规律发出系统调节信号。调节器接收水压的实测反馈信号后，将它与给定值进行比较，得到给定值与实测值之差。如给定值大于实测值，则说明系统水压低于理想水压，要加大水泵电动机的转速；如水压高于理想水压，则要降低水泵电动机的转速。这些都由调节器的输出信号控制。传统调节器的调节规律多是 PID 调节器。调节器的调节参数可由使用者设定，PID 调节过程根据调节器内部构成分为数字式调节和模拟量调节两类，以微型计算机为核心的调节器多为数字式调节。调节器的输出信号一般是模拟信号，为 $4\sim20\,\text{mA}$ 变化的电流信号或 $0\sim10\,\text{V}$ 变化的电压信号。信号的量值与前边提到的差值成比例，用于驱动执行设备工作。变频恒压供水系统中，执行设备就是变频器。

PLC 在恒压供水泵站中的主要任务如下：

(1) 代替调节器实现水压给定值与反馈值的综合及调节工作，实现数字式 PID 调节。一只传统调节器往往只能实现一路 PID 设置，用 PLC 作调节器可同时实现多路 PID 设置，在多功能供水泵站各类工况中 PID 参数可能不一样，使用 PLC 作数字式调节器很方便。

(2) 控制水泵的运行与切换。在多泵组恒压供水泵站中，为了使设备损耗均匀，水泵及电动机要轮换工作。在只设单一变频器的多泵组泵站中，变频泵也是轮流担任的。变频泵运行之后且选到最高频率时，可增加一台工频泵投入运行。PLC 则是泵组管理的执行设备。

(3) 变频器的驱动控制。恒压供水泵站中变频器常采用模拟量控制方式，这需采用具有模拟量输入/输出的 PLC 或采用 PLC 的模拟量扩展模块，压力传感器送来的模拟信号输入到 PLC(或模拟量扩展模块)的模拟量输入端，给定值与反馈值比较并经 PID 处理后得出的模拟量控制信号经模拟量输出端送出，并依据此信号的变化调整变频器的输出频率。

(4) 泵站的其他逻辑控制。除了泵组的运行管理工作外，泵站还有许多其他逻辑控制工作，如手动、自动操作转换，泵站的工作状态指示，泵站工作异常的报警，系统的自检等，这些都可以编写在 PLC 的控制程序中。

(5) 任何一台水泵在程序的控制下都可以工作在工频或变频状态。通过控制可保证三台水泵的运行时间和开启次数接近，从而延长设备的整体使用寿命。

7.2.2　变频器的基本工作原理及其控制

微型计算机是变频器的核心，电力电子器件构成了变频器的主电路。从发电厂送出的交流电的频率是恒定不变的，我国是 50 Hz/s。

交流电动机的同步转速为

$$n_1 = 60 \frac{f_1}{P}$$

式中：n_1 为同步转速，单位为 r/min；f_1 为定子频率；P 为电动机的磁极对数。

异步电动机的转速为

$$n = n_1(1 - S)$$

式中：S 为异步电动机的转差率，$S = (n_1 - n)/n_1$，小于 3%。

1. 变频器的基本结构

变频器分为交—交变频器和交—直—交变频器两种形式。交—交变频器可将工频交流电直接变换成频率、电压可调的交流电，也称为直接式变频器。交—直—交变频器则是先把工频交流电通过整流变成直流电，然后再把直流电变换成频率、电压可调的交流电，也称为间接式变频器，其基本结构如图 7-3 所示，它由主回路和控制回路组成。主回路包括整流器、中间直流环节、逆变器。

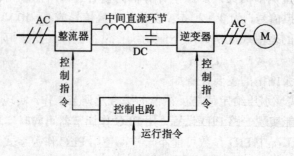

图 7-3 交—直—交变频器的基本结构

(1) 整流器：即电网侧的变流器，其作用是把三相(或单相)交流整流为直流。

(2) 中间直流环节：其作用是对整流电路的输出进行平滑处理，以保证逆变电路及控制电源得到质量较高的直流电源。逆变器负载多为呈感性的异步电动机，无论电动机处于电动或发电制动状态，其功率因数都不会为 1，在中间直流环节和电动机间总有无功功率交换，这种无功能量要靠中间直流环节的储能元件(电容器或电抗器)缓冲。中间直流环节又称为中间直流储能环节。

(3) 逆变器：即负载侧的变流器，其作用是在控制电路的控制下将输出电路的直流电源转换为频率、电压可调的交流电。逆变电路的输出就是变频器输出。

(4) 控制电路：包括主控制电路、信号检测电路、门极驱动电路、外部接口电路及保护电路，其作用是完成对逆变器的开关控制以及对整流器的电压控制和各种保护功能。三相变频器的整流电路由三相全波整流桥组成，直流中间电路的储能元件在整流电路是电压源时为大容量的电解电容，电流源时是大容量的电感。为了电动机制动的需要，中间电路中有时还包括制动电阻及辅助电路。逆变电路最常见的结构形式是利用 6 个电力电子主开关器件组成的三相桥式逆变电路。有规律地控制逆变器中主开关的通与断，可得到任意频率的三相交流输出。图 7-4 为电压型变频器和电流型变频器主电路结构示意图。

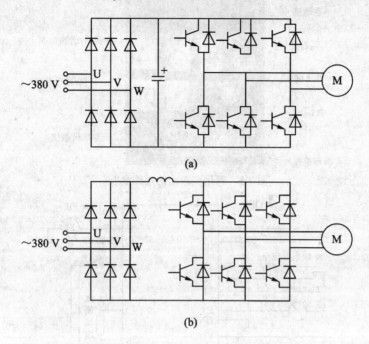

图 7-4 电压型变频器和电流型变频器主电路结构示意图

(a) 电压型变频器主电路；(b) 电流型变频器主电路

2. 变频器的分类及工作原理

通用变频器按工作方式可分为以下几类：

(1) u/f 控制：即电压与频率成比例变化的控制。u/f 控制忽略了电动机漏阻抗的作用，在低频段时，工作特性不理想。采用 u/f 控制方式的变频器常被称为普通功能变频器。实际变频器中常采用 E/f 控制。

(2) 转差频率控制：是在 E/f 控制基础上增加转差控制，以电动机的实际运行速度加上该速度下电动机的转差频率确定变频器输出频率的控制方式。在 E/f 为常数的条件下，通过对转差频率的控制，可实现对电动机转矩的控制。采用转差频率控制的变频器属多功能型变频器。

(3) 矢量控制：将交流电动机的定子电流矢量分解，算出定子电流的磁场分量及转矩分量，并分别控制。矢量控制提高了变频器对电动机转速及力矩控制的精度和性能。采用矢量控制的变频器称为高功能型变频器。普通功能型变频器适用于泵类负载及要求不高的反抗性负载，高功能型变频器适用于位能性负载。

3. 变频器的操作方式及使用

变频器接入电路工作前，要根据实际应用修订变频器的功能码。修订是为了变频器的性能与实际工作任务更加匹配。变频器与外界交换信息的接口很多，如主电路的输入与输出接线端、控制电路的输入/输出端、通信接口及操作面板。功能码修订一般通过操作面板完成。图 7-5 所示为通用变频器的操作面板，图 7-6 所示为通用变频器的接线图。

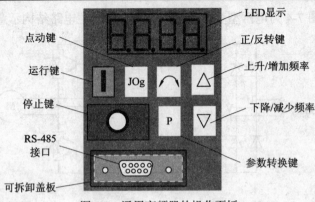

图 7-5　通用变频器的操作面板

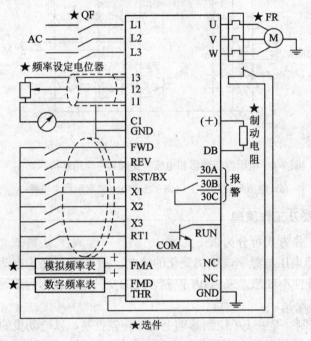

图 7-6　通用变频器的接线图

变频器输出频率控制有以下几种方式：

(1) 操作面板控制方式：通过操作面板的按钮手动设置输出频率。操作方法有两种：一是按面板上的频率上升或频率下降按钮调节输出频率；二是通过直接设定频率数值调节输出频率。

(2) 外输入端子数字量频率选择操作方式：变频器常设有多段频率选择功能，各段频率值通过功能码设定。频率段通过外部端子选择。通常在变频器控制端子中设置几个控制端，如图 7-6 中的三个端子 X1、X2、X3，它们的 7 种组合选定了 7 种工作频率值，三个端子的接通组合可通过机外设备(如 PLC)控制实现。

(3) 外输入端子模拟量频率选择操作方式：变频器设有模拟量输入端，其作用是方便变频器与输出量为模拟电流或电压的调节器、控制器的连接。如图 7-6 中的 C1 端为电流输入端，11、12、13 端为电压输入端，当接在这些端口上的电流值或电压值在一定范围内平滑变化时，变频器的输出频率也跟着在一定范围内平滑变化。

(4) 通信数字量操作方式：变频器设有网络接口，可通过通信方式接收频率控制指令，生产厂家为各自的变频器与 PLC 之间的通信设计了专用通信协议。

7.2.3　PLC 模拟量扩展模块的配置及应用

模拟量扩展模块有单独用于模/数转换的，也有模/数及数/模两种功能都有的。FX2N 系列 PLC 的模拟量模块 FX2N-4AD 及 FX2N-2DA，分别具有 4 路模拟量输入及 2 路模拟量输出，可用于恒压供水控制。

1. FX2N-4AD 四通道模拟量输入模块的功能及其与 PLC 系统的连接

FX2N-4AD 四通道模拟量输入模块有 4 个通道，可同时接收处理 4 路模拟量输入信号，最大分辨率为 12 位。输入信号可以是 −10～+10 V 的电压信号(分辨率为 5 mV)，也可以是 −20～+20 mA(分辨率为 16 μA)或 −20～+20 mA(分辨率为 20 μA)的电流信号。模拟量信号可通过双绞屏蔽电缆接入，连接方法如图 7-7 所示。

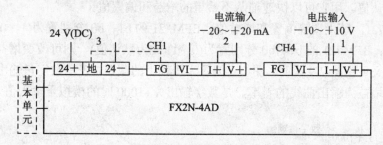

图 7-7　FX2N-4AD 四通道模拟量输入模块的连接方法

使用时应注意以下几点：

(1) 若输入电压波动，或存在外部干扰，可以接一个 0.1～0.47 μF、25 V 的电容器。

(2) 若使用电流输入，需短接 V+ 及 I+ 端子。

(3) 若存在过多的电气干扰，需连接 FG 和接地端。

FX2N 系列可编程控制器中，与 PLC 连接的特殊功能扩展模块位置从左至右依次编号(扩展单元不占编号)，如图 7-8 所示。

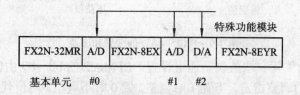

图 7-8　特殊功能模块的编号

FX2N-4AD 使用 +5 V(DC)电源(内部电源)、30 mA 电流，或 +24 V(DC)电源(外部电源)、55 mA 电流，通常转换速度为 15 ms/通道，高速转换速度为 6 ms/通道。

2. FX2N-4AD 四通道模拟量输入模块缓冲存储器(BFM)的分配

FX2N-4AD 四通道模拟量输入模块利用缓冲存储器(简称 BFM)的设置完成编程工作。

模拟量输入模块共有 32 个缓冲存储器，目前使用了以下 21 个 BFM：

(1) BFM#0，用于通道选择。4 个通道的模拟输入信号范围用 4 位十六进制数表示。十六进制数字 0 表示 −10～+10 V，1 表示 4～20 mA，2 表示 −20～+20 mA，3 表示通道关闭，缺省值为 H0000。

如：BFM#0 中的 4 位十六进制数字为"H3310"，表示通道 CH4、CH3 关闭(未使用)，2 号通道 CH2 的输入信号范围为 4～20 mA，1 号通道 CH1 的输入信号范围为 −10～+10 V。

(2) BFM#1～#4，采样次数设置，表示 1～4 通道的采样次数(设定范围为 1～4096)，缺省值为 8。

(3) BFM#5～#8，表示 1～4 通道的采样平均值。

(4) BFM#9～#12，表示 1～4 通道的采样当前值。

(5) BFM#15，A/D 转换的速度设置。BFM#15 设为 0，则为正常转换速度，即 15 ms/通道(默认值)；BFM#15 设为 1，则为高速转换速度，即 6 ms/通道。

(6) BFM#20，复位到缺省值和预设值，默认值为 0。BFM#20 设为 1，则模块的所有设置都复位成默认值。用它可以快速消除不希望的增益和偏置值。

(7) BFM#21，禁止调整偏置和增益值。BFM#21 的 b1、b0 分别置为(1，0)，则禁止调整增益和偏置；BFM#21 的 b1、b0 分别置为(0，1)(此为默认值)，则可改变增益和偏置。增益和偏置的意义可由图 7-9 说明。图中：偏置为横轴上的截距，表示数字量输出为 0 时的模拟量输入值；增益为输出曲线的斜率，是数字输出为 +1000 时的模拟量输入值。

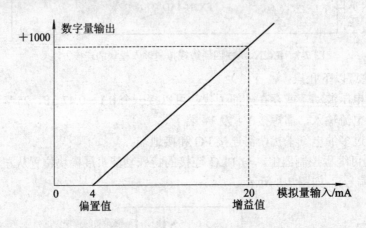

图 7-9　FX2N-4AD 的偏置和增益

(8) BFM#22，为偏置和增益调整通道设置。BFM#22 的 b0～b7 由低到高两两为一组，分别用于通道 1～4 的调整指定，当置 1 时调整，置 0 时不调整。两位代码中低位指定偏置，高位指定增益。通道偏置及增益可分别调整。

(9) BFM#23、BFM#24，为偏置值与增益值存储单元，单位为 mV 或 µA。BFM#23(偏置)的默认值为 0000，BFM#24(增益)的默认值为 5000。当 BFM#22 指定单元中的某位置 1 时，偏置值及增益值会被送入相应通道的增益和偏置寄存器中。

(10) BFM#29，各位的状态是 FX2N-4AD 错误状态信息。其中，b0 为 ON，表示有错误；b1 为 ON，表示存在偏置及增益错误；b2 为 ON，表示存在电源故障；b3 为 ON，表示存在硬件错误等。

(11) BFM#30，存放模块的识别码 K2010。用户在使用程序中可方便地利用这一识别码在传送数据前先确认该特殊功能模块。

3. FX2N-2DA 模拟量输出模块的功能及其与 PLC 系统的连接

FX2N-2DA 模拟量输出模块用来将 12 位数字信号转换成模拟量电压或电流输出。它具有 2 个模拟量输出通道。这两个通道都可以输出 0～10 V(DC)(分辨率 2.5 mV)、0～5 V(DC)(分辨率 1.25 mV)的电压信号或 4～20 mA(分辨率 4 μA)的电流信号。模拟量输出可通过双绞屏蔽电缆与驱动负载相连，连接方法如图 7-10 所示。当使用电压输出时，需将 IOUT 端和 COM 端短接。

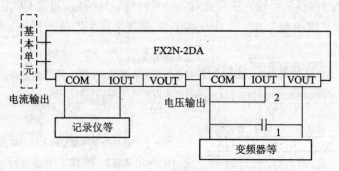

图 7-10　FX2N-2DA 模块的连接方法

FX2N-2DA 安装时装在 FX2N 基本单元的右边，将消耗基本单元或电源扩展单元的 +5 V(DC)电源(内部电源)20 mA 电流，+24 V(DC)电源 5 mA 电流，D/A 转换时间为 4 ms/通道。

4. FX2N-2DA 模拟量输出模块偏置、增益及 BFM 分配

FX2N-2DA 模拟量输出模块在出厂时，其偏置和增益是经过调整的，数字值为 0～4000，电压输出为 0～10 V。用于电流输出时，可利用自带调节装置重调偏置与增益值。

FX2N-2DA 模拟量输出模块共有 32 个缓冲存储器，只用两个：

(1) BFM#16，输出数据的当前值。b7～b0 用于输出数据当前值(低 8 位)，8 位数据存于 b7～b0。

(2) BFM#17，转换通道的设置。当 BFM#17 的 B0 位从"1"变成"0"时，通道 2 的 D/A 转换开始；当 b1 位从"1"变成"0"时，通道 1 的 D/A 转换开始；当 b2 位从"1"变为"0"时，D/A 转换的低 8 位数据被保持。其余各位没有意义。

5. 模块的读写操作及程序实例

扩展模块与主机的数据连通需借助 FROM(读出)指令及 TO(写入)指令。FROM 指令用于将 BFM 中的数据读入 PLC，TO 指令可将数据写入 BFM。BFM 读出/写入指令的要素如表 7-1 所示。FROM 指令及 TO 指令可用于模块的配置、偏置及增益调整、模拟量转换生成的数字量或待转换为模拟量的数字量传递等。

表 7-1　BFM 读出/写入指令的要素

指令名称	指令代码位数	助记符	操作数				程序步
			m1	m2	D·/S·	n	
BFM 读出	FNC78 (16/32)	FROM FROM(P)	K、H m1=0～7 特殊单元、特殊模块号	K、H m2=0～31 (BFM)号	KnY、KnM、KnS、T、C、D、V、Z	K、H N=(1～32)/32 位, N=(1～16)/16 位传送字点数	FROM：9步 FROM(P)：17步
BFM 写入	FNC79 (16/32)	TO TO(P)			K、H、KnX、KnY、KnM、KnS、T、C、D、V、Z		TO：9步 TO(P)：17步

　　假设 FX2N-4AD 四模拟量输入模块连接在 0 号特殊模块位置。通道 1 和通道 2 用 4～20 mA 的电流输入，采样平均次数为 6，用 D10 和 D11 接收采样平均值，程序如图 7-11 所示。

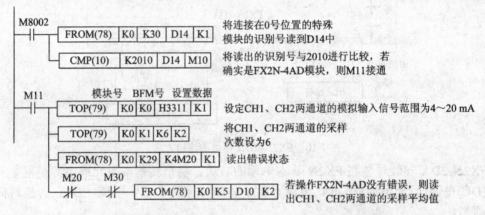

图 7-11　模拟量输入模块 FX2N-4AD 应用基本程序

　　假设 FX2N-2DA 模块被连接到 FX2N 系列 PLC 的 1 号特殊模块位置，通道 1 和通道 2 的数字数据分别被存放在数据寄存器 D10 和 D11 中。当输入 X000 接通时，通道 1 进行 D/A 转换；当输入 X001 接通时，通道 2 进行 D/A 转换。图 7-12 所示为通道 1 进行 D/A 转换的程序。

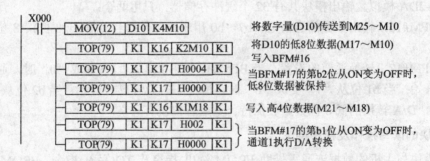

图 7-12　FX2N-2DA 模块的编程

7.2.4　PID 调节及 PID 指令

　　PID 调节在改善控制系统品质、保证系统偏差 e (给定值 SP 和过程变量 PV 的差)达到预定指标、使系统实现稳定状态方面具有良好效果。三菱 FX 系列 PLC 的 PID 运算指令如表 7-2 所示。

表 7-2　PID 运算指令要素

指令名称	指令代码位数	助记符	操 作 数				程序步
			S1	S2	S3	D	
PID 运算	FNC88(16)	PID	D[目标值(SV)]	D[测定值(PV)]	D0～D975[参数]	D[输出值(MV)]	PID: 9 步

PID 运算指令梯形图如图 7-13 所示。图中[S1]为设定调节目标值 SV，[S2]为当前测量的反馈值 PV，参数[S3]占用从 S3 开始的 25 个数据寄存器，其中[S3]～[S3]+6 用来存放 PID 控制参数，执行 PID 运算的输出结果 MV 存于[D]中。对于[D]最好选用非电池保持的数据寄存器，否则应在 PLC 开始运行时使用程序清空原来存放的数据。

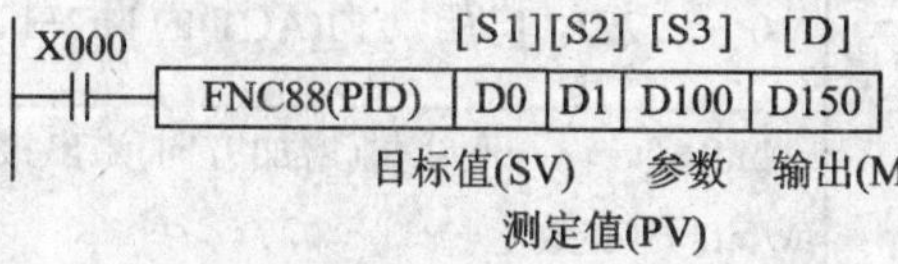

```
            [S1][S2] [S3]   [D]
 X000 
──┤├──  FNC88(PID)  D0 │ D1 │ D100 │ D150

            目标值(SV)    参数  输出(MV)
              测定值(PV)
```

图 7-13　PID 运算指令梯形图

在 PID 开始运算之前，应使用 MOV 指令对目标值、测定值及控制参数进行设定。其中：测定值是传感设备反馈量在 PLC 中产生的数字量值；目标值为结合工程实际、传感器测量范围、模/数转换字长等参数的设定值，它应当是控制系统稳定运行的期望值；控制参数则为 PID 运算相关的参数。

表 7-3 给出了控制参数[S3]的 25 个数据寄存器的名称及参数的设定内容。

表 7-3　控制参数[S3]的 25 个数据寄存器设定表

寄存器号数	参数名称或意义	设 定 值 参 考
[S3]	采样时间(T_S)	设定范围 1～32 767 ms
[S3]+1	动作方向(ACT)	bit0=0，正向动作；bit0=1，反向动作； bit1=0，无输入变化量报警；bit1=1，输入变化量报警有效； bit2=0，无输入变化量报警；bit2=1，输入变化量报警有效； bit3 不可参数设置； bit4=0，不执行自动调节；bit4=1，执行自动调节； bit5=0，不设定输出上下限；bit5=1，输出上下限设定有效； bit6～bit15 不可使用； 注：bit2 及 bit5 不能同时为 ON
[S3]+2	输入滤波常数(α)	0%～99%，设定为 0 时无滤波
[S3]+3	比例增益(K_P)	1%～32 767%
[S3]+4	积分时间(T1)	0～32 767(×100 ms)，设定为 0 时无积分处理
[S3]+5	微分增益(K_D)	0%～100%，设定为 0 时无微分增益
[S3]+6	微分时间(T_D)	0～32 767(×100 ms)，设定为 0 时无微分处理
[S3]+7～[S3]+19		PID 运算内部运算占用

寄存器号数	参数名称或意义	设 定 值 参 考
[S3]+20	输入变化量 (增加方向) 报警设定值	0～32 767，[动作方向(ACT)的 bit1=1 有效]
[S3]+21	输入变化量 (减少方向) 报警设定值	0～32 767，[动作方向(ACT)的 bit1=1 有效]
[S3]+22	输入变化量 (增加方向) 报警设定值	0～32 767，[动作方向(ACT)的 bit2=1、bit5=0 有效]
[S3]+23	输入变化量(减少 方向)报警设定值	0～32 767，[动作方向(ACT)的 bit2=1、bit5=0 有效]
[S3]+24	报警输出	bit0=1，输入变化量(增加方向)溢出报警，[动作方向(ACT)bit1=1 或 bit2=1 有效]； bit1=1，输入变化量(减少方向)溢出报警； bit2=1，输入变化量(减少方向)溢出报警； bit3=1，输入变化量(减少方向)溢出报警

7.3　课堂演示——PLC 控制的恒压供水泵站实例

　　下面介绍一个以三台泵组构成的生活/消防双恒压无塔供水泵站的实例,如图 7-14 所示。市网自来水用高低水位控制器 EQ 来控制注水阀 YV1,自动把水注满储水池,只要水位低于高水位,则自动往水池注水。水池的高/低水位信号也直接送给 PLC,作为高/低水位报警。为了保证供水的连续性,水位上下限传感器高低距离较小。生活用水和消防用水共用三台泵,平时电磁阀 YV2 处于失电状态,关闭消防管网,三台泵根据生活用水的多少,按一定的控制逻辑运行,维持生活用水低恒压值。当有火灾发生时,电磁阀 YV2 得电,关闭生活用水管网,三台泵供消防用水使用,并维持消防用水高恒压。火灾结束后,三台泵再改为生活供水使用。

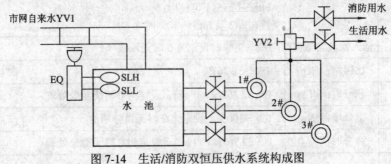

图 7-14　生活/消防双恒压供水系统构成图

1. 基本要求

生活/消防双恒压供水系统的基本要求如下：

(1) 生活供水时，系统低恒压值运行；消防供水时，系统高恒压值运行。

(2) 三台泵根据恒压的需要，采取"先开先停"的原则接入和退出。

(3) 在用水量小的情况下，如果一台泵连续运行时间超过 3 h，则要切换下一台泵，即系统具有"倒泵功能"，以避免某一台泵工作时间过长。

(4) 三台泵在启动时都要有软启动功能。

(5) 要有完善的报警功能。

(6) 对泵的操作要有手动控制功能，手动只在应急或检修时临时使用。

2. 控制系统的 I/O 点及地址分配

根据图 7-14 及以上控制要求统计控制系统的输入/输出信号的名称、代码及地址编号，如表 7-4 所示。水位上、下限信号分别为 X001、X002，它们在水淹没时为 0，露出时为 1。

表 7-4　输入/输出信号的名称、代码及地址编号

	名　称	代　码	地　址　编　号
输入信号	手动和自动消防信号	SA	X000
	水池水位上限信号	SLH	X001
	水池水位下限信号	SLL	X002
	变频器报警信号	SU	X003
	消防按钮	SB9	X004
	试灯按钮	SB10	X005
	压力传感器模拟量电流值	UP	模拟量输入模块电流通道
输出信号	1#泵工频运行接触器和指示灯	KM1，HL1	Y000
	1#泵变频运行接触器和指示灯	KM2，HL2	Y001
	2#泵工频运行接触器和指示灯	KM3，HL3	Y002
	2#泵变频运行接触器和指示灯	KM4，HL4	Y003
	3#泵工频运行接触器和指示灯	KM5，HL5	Y004
	3#泵变频运行接触器和指示灯	KM6，HL6	Y005
	生活、消防供水转换电磁阀	YV2	Y010
	水池水位下限报警指示灯	HL7	Y011
	变频器故障报警指示灯	HL8	Y012
	火灾报警指示灯	HL9	Y013
	报警电铃	HA	Y014
	变频器频率复位控制	KA	Y015
	控制变频器频率用电压信号	VF	模拟量输出模块电压通道

3. PLC 系统选型

系统有开关量输入点 6 个、开关量输出点 12 个；模拟量输入点 1 个、模拟量输出点 1 个。选用三菱 FX2N-32MR 一台，加上一台模拟量扩展模块 FX2N-4AD 和一台模拟量扩展模块 FX2N-2DA 构成系统。整个 PLC 系统的配置如图 7-15 所示。

图 7-15 PLC 系统组成

4. 电气控制系统原理图

1) 主电路图

如图 7-16 所示为电气控制系统的主电路图。图中：三台电动机分别为 M1、M2、M3；接触器 KM1、KM3、KM5 分别控制 M1、M2、M3 电动机的工频运行；接触器 KM2、KM4、KM6 分别控制 M1、M2、M3 电动机的变频运行；FR1、FR2、FR3 分别为三台水泵电动机过载保护用的热继电器；QS1、QS2、QS3、QS4 分别为变频器和三台泵电动机主电路的隔离开关；FU1 为主电路的熔断器；VVVF 为通用变频器。

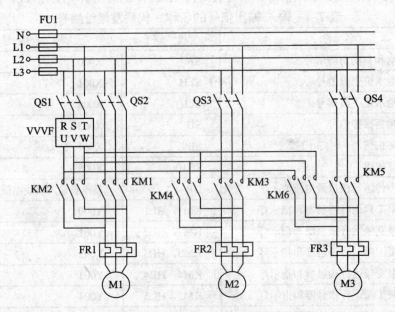

图 7-16 电气控制系统的主电路图

2) 控制电路图

图 7-17 所示为电气控制系统的控制电路图。图中：SA 为手动/自动转换开关，SA 置于 1 位为手动控制，置于 2 位为自动控制；HL10 为自动运行状态电源指示灯。手动运行时，可用按钮 SB1～SB8 控制三台泵的启/停和电磁阀 YV2 的通/断。自动运行时，系统在 PLC 程序控制下运行。

对变频器频率进行复位时只提供一个辅助触点信号 KA，由于 PLC 是 4 个输出点为一组共用一个 COM 端，而本系统又没有剩下单独的 COM 端输出组，因此通过一个中间继电器 KA 的触点对变频器频率进行复位控制。图 7-17 中的 Y000～Y005 及 Y010～Y015 为 PLC 的输出继电器触点，它们旁边的 4、6、8 等数字为接线编号。

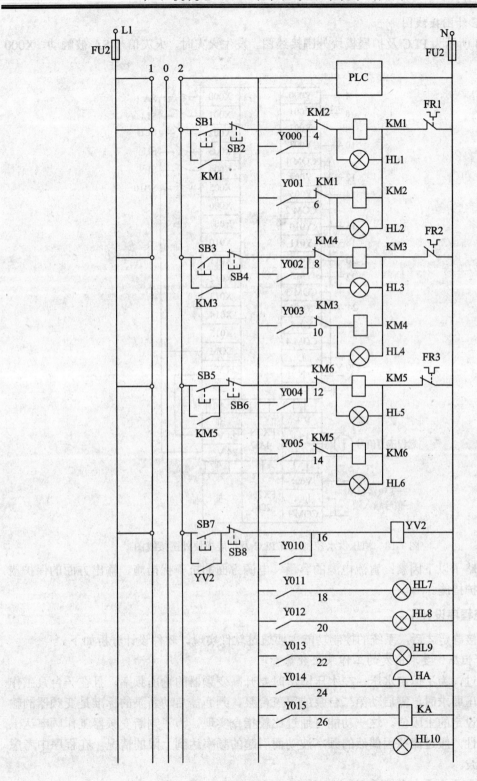

图 7-17　电气控制系统的控制电路图

3) PLC 外围接线图

图 7-18 所示为 PLC 及扩展模块外围接线图。发生火灾时，火灾信号 SA 被触动，X000 为 1。

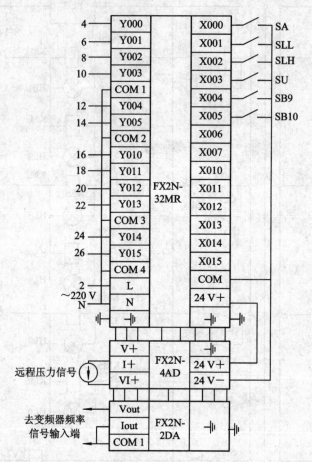

图 7-18　恒压供水控制系统 PLC 及扩展模块外围接线图

本例忽略了以下因素：直流电源的容量、电源方面的抗干扰措施、输出方面的保护措施和系统保护措施。

5. 系统程序设计

硬件连接确定之后，系统的控制功能主要通过软件实现，软件设计分析如下。

1) 由"恒压"要求出发的工作泵组数量管理

前面说过，为了恒定水压，在水压降落时要升高变频器的输出频率，且在一台泵工作不能满足恒压要求时，需启动第二台泵或第三台泵。判断需启动新泵的标准是变频器的输出频率达到设定的上限值。这一功能可通过比较指令实现。为了判断变频器工作频率达上限值的确实性，应过滤掉因偶然的频率波动而引起的频率达到上限的情况，在程序中考虑采取时间滤波。

2) 多泵组泵站泵组管理系统

由于变频器泵站希望每一次启动电动机均为软启动，又规定各台水泵必须交替使用，因此多泵组泵站泵组的投运要有个管理范围。在本例中，控制要求中规定任一台连续变频运行不得超过 3 h，因此每次需启动新泵或切换变频泵时，以新运行泵为变频泵是合理的。具体操作时，将现行运行的变频泵从变频器上切除，并接上工频电源运行，将变频器复位并用于新运行泵的启动。除此之外，泵组管理还有一个问题就是泵的工作循环控制，本例中使用的泵号加 1 的方法实现变频泵的循环控制(3 再加 1 等于零)，用工频泵的总数结合泵号实现工频泵的轮换工作。

3) 程序的结构及程序功能的实现

由 7.3 节可知，PLC 在恒压供水系统中的任务较多，模拟量单元及 PID 调节都需要编制初始化及中断程序。程序可分为三部分：主程序、子程序和定时中断程序。系统初始化的一些工作放在初始化子程序中完成；定时中断程序则用来实现 PID 控制的定时采样及输出控制；主程序的功能最多，如泵切换信号的生成、泵组接触器逻辑控制信号的综合及报警处理等都在主程序。生活及消防双恒压的两个恒压值是采用数字方式直接在程序中设定的。生活供水时系统的设定值为满量程的 70%，消防供水时系统的设定值为满量程的 90%。这里满量程可以理解为 12 位二进制数字对应的十进制数 4000。在实际工程中，如传感器选择适当，4000 也要对应传感器输出的满度值。本系统 PID 只用了比例和积分控制，其回路增益和时间常数可通过工程计算初步确定，但还需要进一步调整，以达到最优控制效果。初步确定的增益和时间常数已写入程序中。

程序中使用的 PLC 元件及其功能如表 7-5 所示。

表 7-5　程序中使用的 PLC 元件及其功能

器件地址	功　能	器件地址	功　能
D100	目标值	T37	工频泵增泵滤波时间控制
D102	测定值	T38	工频泵减泵滤波时间控制
D110	采样时间	T39	工频/变频转换逻辑控制
D111	动作方向	M10	故障结束脉冲信号
D112	输入滤波常数	M11	泵变频启动脉冲
D113	比例增益	M12	减泵脉冲
D114	积分时间	M13	倒泵变频启动脉冲
D115	微分增益	M14	复位当前变频泵运行脉冲
D116	微分时间	M15	当前泵工频运行启动脉冲
D150	变频运行频率下限值	M16	新泵变频启动脉冲
D160	生活供水变频运行频率上限值	M20	泵工频/变频转换逻辑控制
D162	消防供水变频运行频率上限值	M21	泵工频/变频转换逻辑控制
D180	PID 调节结果存储单元	M22	泵工频/变频转换逻辑控制
D182	变频工作泵的泵号	M30	故障信号汇总
D184	工频运行泵的总台数	M31	水池水位下限故障逻辑
D190	倒泵时间存储器	M32	水池水位下限故障消铃逻辑
T33	工频/变频转换逻辑控制	M33	变频器故障消铃逻辑
T34	工频/变频转换逻辑控制	M34	火灾消铃逻辑

双恒压供水系统的梯形图程序及程序注释如图 7-19 所示。因为程序较长，所以读图时请按语句号的顺序进行。

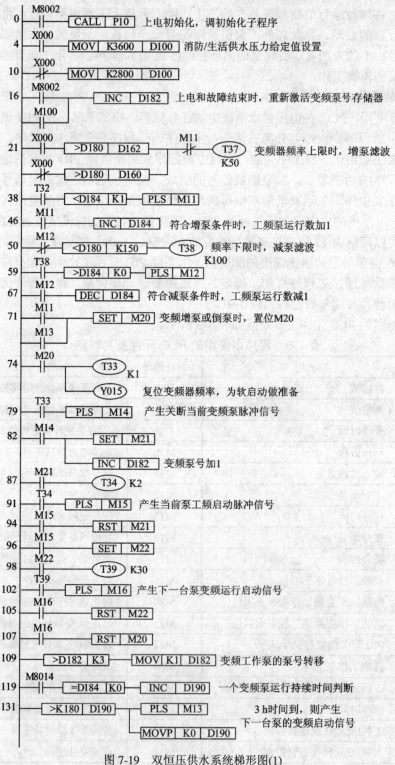

图 7-19　双恒压供水系统梯形图(1)

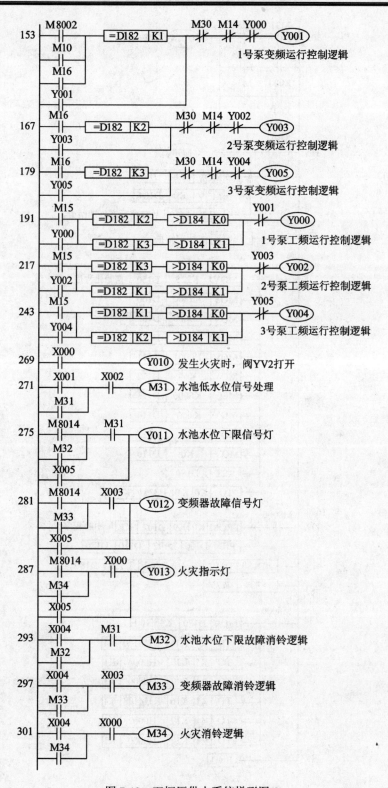

图 7-19　双恒压供水系统梯形图(2)

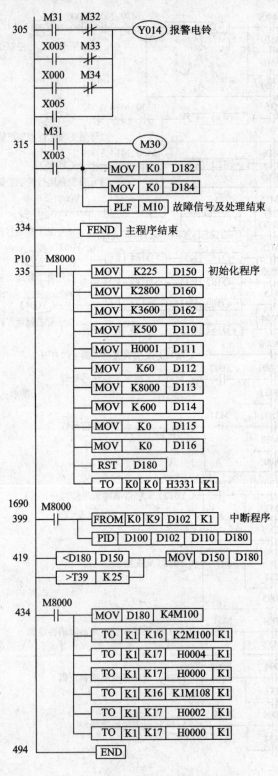

图 7-19　双恒压供水系统梯形图(3)

7.4　技　能　训　练

一、实训目的

(1) 熟悉变频器的使用方法。
(2) 熟悉 PLC 外围接线。
(3) 熟悉电气接线的主电路和控制电路。
(4) 理解恒压供水系统 PLC 编程的内容。

二、实训原理及实训电路

本实训的原理及电路请参照 7.3 节的内容。

边　学　边　议

1. 变频恒压供水系统由哪些部分组成？
2. 变频器的工作原理是什么？
3. FX2N 的 BFM 模块怎样和 PLC 连接？如何编程？
4. 分析变频恒压供水系统的主电路、控制电路和 PLC 程序。

知识模块八 PLC 与计算机的通信

本模块简要介绍有关 PLC 通信的基础知识、PLC 与计算机之间的通信、PLC 与 PLC 之间的通信，并给出典型应用例子。

8.1 教 学 组 织

一、教学目的

(1) 了解计算机通信的基础知识。

(2) 了解串行通信接口标准和计算机通信的国际标准。

(3) 掌握 PLC 与 PLC 之间通信的实现方法，包括并行通信和 N∶N 网络。

(4) 掌握 PLC 与计算机之间通信的实现方法。

二、教学节奏与方式

	项　目	时间安排	教　学　方　式
1	教师讲授	5 学时	重点介绍各类通信的硬件连接及软件实现
2	课堂演示	1 学时	双机并行通信
3	技能训练	2 学时	N∶N 网络的实现

8.2 教 学 内 容

PLC 通信指的是 PLC 与 PLC、PLC 与计算机、PLC 与现场设备之间的信息交换。在信息化、自动化、智能化的今天，PLC 通信是实现工厂自动化，完成"传输信息、资源共享、分散控制、集中管理"等管控目标的重要途径。为了适应多层次工厂自动化系统的客观要求，世界上几乎所有的 PLC 生产厂家都不同程度地为自己的 PLC 增加通信功能，开发自己的通信接口和通信模块，使 PLC 的控制向高速化、多层次、大信息吞吐量、高可靠性和开放性的方向发展。因此，从发展的角度看，要想更好地应用 PLC 就必须了解 PLC 的通信知识和通信的基本实现方法。

8.2.1　计算机通信的基础知识

1. 通信系统的组成

一个数据通信系统一般由传送设备、传送控制设备、通信介质、通信协议和通信软件等部分组成，各部分之间的关系可用图 8-1 表示。

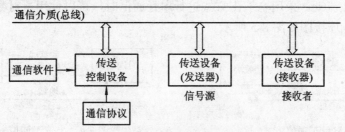

图 8-1　通信系统的基本组成示意图

传送设备至少为两个，其中有的是发送设备，有的是接收设备。对于多台设备之间的数据传送，有时还有主、从之分。主设备起控制、发送和处理信息的主导作用，从设备被动地接收、监视和执行主设备的信息。主从关系在实际通信时由数据传送的结构来确定。在 PLC 通信系统中，传送设备可以是计算机或各种外围设备。

传送控制设备主要用于控制发送与接收之间的同步协调，以保证信息发送与接收的一致性。

通信介质是信息传送的基本通道，是发送设备与接收设备之间的桥梁。

通信协议是通信过程中必须严格遵守的各种数据传送规则，是通信得以进行的法律保障。

通信软件用于对通信的软、硬件进行统一调度、控制与管理。

2. 通信方式

数据通信有两种基本方式：并行通信方式和串行通信方式。

所谓并行通信方式，是指所传送数据的每一位同时发送或接收的通信方式。图 8-2 表示 8 位二进制数同时由 A 设备传输到 B 设备。在并行通信中，并行传送的数据有多少位，传输线就有多少根，因此传送数据的速度很快。如果数据位数较多，传送距离较远，那么必然导致线路复杂，成本高。所以，并行通信不适合远距离传送。

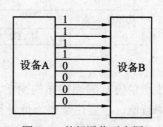

图 8-2　并行通信示意图

所谓串行通信方式，是指将所传送的数据一位一位地顺序传送或接收的通信方式。串行传输时，发送端按位发送，接收端按位接收，同时还要对所传输的字符加以确认，所以收、发双方要采取同步措施，否则接收端不能正确区分出所传输的字符。显然，串行通信速度慢一点，但它适合于多数位、长距离通信。近年来串行通信技术飞速发展，传送速率可达每秒兆字节的数量级。串行通信广泛应用于 PLC、分布式控制(DCS 系统)。

在数据通信中，按照数据传送的方向也可将通信分为单工、半双工和全双工 3 种方式。

单工通信是指信息的传递始终保持一个固定的方向，不能进行反方向传送，线路上任一时刻总是一个方向的数据在传送。单工通信仅需一根数据线，连接图如图 8-3 所示。半双工通信是指在两个通信设备中同一时刻只能有一个设备发送数据，而另一个设备接收数据，至于哪个发送信息哪个接收信息没有限制，但两个设备不能同时发送和接收信息，连接图如图 8-4 所示。全双工通信是指两个通信设备可以同时发送和接收信息，线路上任一时刻都有两个方向的数据在流动。采用全双工方式进行串行通信时，可以使用一对数据线，也可以使用两条数据线，连接图如图 8-5 所示。

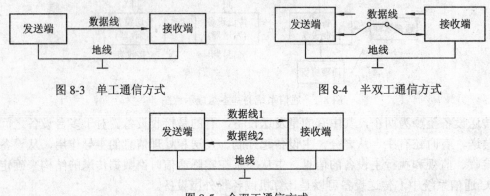

图 8-3　单工通信方式　　　　　　　　　图 8-4　半双工通信方式

图 8-5　全双工通信方式

在串行通信方式中，发送端与接收端之间的同步问题是数据通信中的一个重要问题，处理不好往往会导致数据传送的失败。为此，在串行通信中采用两种同步技术，即同步通信与异步通信技术。异步通信是指将被传送的数据编码成一串脉冲，按特定位数(通常是按一个字节，即 8 位二进制数)分组，在每组数据的开始处加起始位"0"标记，末尾处加校验位"1"和停止位"1"标记。按照这种约定好的固定格式，如图 8-6 所示，发送设备一帧一帧地发送，接收设备一帧一帧地接收，在起始位与停止位的控制下，保证数据传送不产生误码。

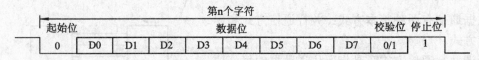

图 8-6　异步通信的数据格式

异步通信方式的硬件结构简单，但传送每一字节都要加入起始位、校验位和停止位，传送效率较低，主要用于中、低速数据通信。

同步通信方式与异步通信方式的不同之处在于它以数据块为单位，在每个数据块的开始处加入一个同步字符来控制同步，而在数据块中的每个字符前后不需加起始位、校验位和停止位标记。同步通信的数据格式如图 8-7 所示。同步通信克服了异步通信效率低的缺点，但是同步通信所需要的软、硬件价格昂贵，通常只在数据传输速率超过 2000 b/s 的系统中才使用。

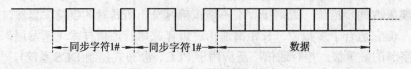

图 8-7　同步通信的数据格式

PLC 通信通常使用半双工或全双工异步串行通信方式。

3. 通信介质

通信介质是信息传输的物质基础和重要通道，是 PLC、通用计算机及外部设备之间相互连接的桥梁。目前 PLC 普遍使用的通信介质有同轴电缆(带屏蔽)、双绞线、光纤等。其他介质，如红外线、无线电、微波、卫星通信等，在 PLC 通信中用得较少。表 8-1 所示为常用的几种通信介质的性能比较。

表 8-1　常用通信介质的性能比较

性　能	通信介质		
	双绞线	同轴电缆	光缆
传输速率	9.6 kb/s～2 Mb/s	1～450 Mb/s	10～500 Mb/s
连接方法	点对点连接，可多点连接，1.5 km 内不用中继站	点对点连接，可多点连接，宽带时 10 km 内不用中继站，基带时 1～3 km 内不用中继站	点对点连接，50 km 内不用中继站
传送信号	数字信号、模拟信号、调制信号	数字信号、声音图像信号、调制信号	数字信号、声音图像信号、调制信号
支持网络	星型网、环型网、小型交换机	总线型、环型网	总线型、环型网
抗干扰能力	一般	好	极好
抗恶劣环境能力	好	好，但必须将电缆与腐蚀物分开	极好

随着通信技术和计算机技术的发展，PLC 的通信介质已有向红外线、无线电、微波、卫星通信等无线介质方向发展的趋势。

PLC 对通信介质的基本要求是：通信介质必须具有传输速率高、能量损耗小、抗干扰能力强、性能价格比高等特性。在各种通信介质中，由于双绞线(带屏蔽)和同轴电缆的成本低、安装简单，性能价格比比较高，因此它们被广泛应用于 PLC 通信中。

4. 串行通信接口标准

FX2N 系列 PLC 的串行异步通信接口主要有 RS-232C、RS-422A、RS-485 等。

(1) RS-232C 是美国电子工业协会 EIA 于 1962 年公布的一种标准化接口。"RS"是英文"推荐标准"的缩写；"232"是标识号；"C"表示此接口标准的修改次数。它既是一种协议标准，又是一种电气标准，它规定了通信设备之间信息交换的方式与功能。它采用按位串行通信的方式传递数据，波特率规定为 19 200 b/s、9600 b/s、4800 b/s、2400 b/s、1200 b/s、600 b/s、300 b/s 等几种。

电气性能上，RS-232C 采用负逻辑，规定逻辑"1"电平在 $-5\sim-15$ V 范围内；逻辑"0"电平在 $+5\sim+15$ V 范围内，具有较强的抗干扰能力。表 8-2 描述了 RS-232C/ RS-422A/RS-485 的电气参数。

表 8-2　RS-232C/ RS-422A/RS-485 的电气参数

规　　定		RS-232C	RS-422A	RS-485
工作方式		单端	差分	差分
节点数		1 收 1 发	1 发 10 收	1 发 32 收
最大传输电缆长度		50ft	400ft	400ft
最大传输速率		20 kb/s	10 Mb/s	10 Mb/s
最大驱动电压		+/−25 V	−0.25～+6 V	−7～+12 V
驱动器输出信号电平(负载最小值)	负载	+/−5～+/−15 V	+/−2.0 V	+/−1.5 V
驱动器输出信号电平(空载最大值)	空载	+/−2.5 V	+/−6 V	+/−6 V
驱动器负载阻抗		3～7 kΩ	4 kΩ(最小)	≥10 kΩ
摆率(最大值)		30 V/μs	N/A	N/A
接收器输入电压范围		+/−15 V	−10～+10 V	−7～+12 V
接收器输入门限		+/−3 V	+/−200 mV	+/−200 mV
接收器输入电阻		3～7 kΩ	4 kΩ(最小)	≥12 kΩ
驱动器共模电压			−3～+3 V	−1～+3 V
接收器共模电压			−7～+7 V	−7～+12 V

　　机械性能上，RS-232C 接口是标准 25 针的 D 型连接器，实际使用的连接器有 25 针的，也有 9 针的，其外形结构如图 8-8 和图 8-9 所示。

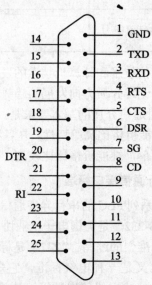

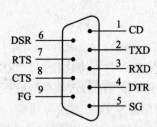

图 8-8　DB9 接口的外形结构　　　　　　图 8-9　DB25 接口的外形结构

　　DB9 接口引脚定义如表 8-3 所示。使用时并未将所有引脚全部用完，最简单的通信只需 3 根线，其连线方法如图 8-10 所示，2 号线与 3 号线交叉连接，是因为在直接连接方式时，把通信双方都当作数据中断设备看待，双方都可发和收。在这种方式下，通信双方的任何一方只要请求发送 RTS 有效和数据终端准备好 DTR 有效就能开始发送和接收。如果直接连接时又考虑到 RS-232C 的联络控制信号，则采用零 Modem 方式的标准连接方法，如图 8-11 所示。

表8-3　RS-232C 接口的引脚定义

名　称	说　明
FG	连接到机器的接地线
TXD	数据输出线
RXD	数据输入线
RTS	要求发送数据
CTS	回应对方 RTS 的发送许可，告诉对方可以发送
DSR	告知本机在待命状态
DTR	告知数据终端处于待命状态
CD	载波检测，用以确认是否收到载波
SG	信号的接地线

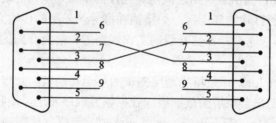

图 8-10　最简单的 3 线连接

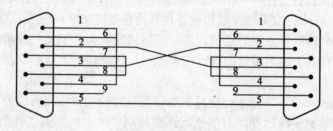

图 8-11　标准连线方式

在通信距离较近，波特率要求不高的场合可以直接采用 RS-232C 接口，既简单又方便。由于 RS-232C 接口采用单端发送、单端接收，因此在使用中有数据通信速率低、通信距离近、抗共模干扰能力差等缺点。

(2) RS-422A 接口是 EIA 于 1977 年推出的新接口标准的 RS-449 的一个子集。它定义了 RS-232C 所没有的 10 种电路功能，规定用 37 脚的连接器。它采用差动发送、差动接收的工作方式，发送器、接收器仅使用 +5 V 的电源，因此在通信速率、通信距离、抗共模干扰等方面比 RS-232C 接口都有较大提高。使用 RS-422A 接口时，最大数据传输速率可达 10 Mb/s(对应的通信距离为 12 m)，最大通信距离为 1200 m(对应的通信速度为 10 kb/s)。

(3) RS-485A 通信接口实际上是 RS-422A 的变形。它与 RS-422A 的不同点在于 RS-422A 为全双工通信，RS-485A 为半双工通信；RS-422A 采用两对平衡差分的信号线，而 RS-485

只需其中的一对。它的信号传送是用两根导线间的电位差来表示逻辑 1、0 的，这样，RS-485 接口仅需两根传输线就可完成信号的发送与接收任务。由于传输线也采用差动接收、差动发送的工作方式，而且输出阻抗低、无接地回路问题，因此 RS-485A 的干扰抑制性很好，传输速率可达 1200 m，数据传输速率可达 10 Mb/s。

5. 计算机通信的国际标准

计算机网络和 PLC 网络要实现相互之间的通信，为保证通信的正常进行，参加通信的各方必须遵守一些共同的协议，也就是通信协议(Protocol)。它是通信各方为实现正确通信所作的约定和制定的规则。目前国际上公认的标准化组织及其通信协议主要有以下几个。

1) OSI

国际标准化组织于 1978 年提出了开放系统互联参考模型 OSI(Open System Interconnection/Reference Model)。"开放"的含义是指凡是按照"OSI 标准"建立的系统，无论是哪一家的产品，不管位于世界什么地方，都是互相开放的，可以互联通信。它所采用的通信协议一般为 7 层，每一层都有自己的协议，如图 8-12(a)所示。

(1) 物理层(Physical)：提供通信站之间电路连接的机械、电气、功能和规程特性，以便在它们之间建立、维持和拆除物理连接，如接插件型号，采用的传输介质，每根线的定义，"1"、"0"电平规定，传送速率，各信号线的工作规则等。前面介绍的 RS-232 C、RS-422、RS-485 等均是物理层协议标准。

(2) 数据链路层(Data Link)：是将物理层提供的可能有差错的物理链路变为逻辑上无差错的数据链路。发送端把来自高层的数据组成数据帧并顺序发送。接收端检测传输正确性，若正确，则发送出确认信息；若不正确，则抛弃该帧，等待发送端超时重发。同步数据链路控制(SDLC)、高级数据链路控制(HDLC)以及异步串行数据链路协议都属于此范围。

(3) 网络层(Network)：数据链路层协议是相邻两直接链路节点的通信协议，它不能解决数据经过网络中多个转接节点间的通信问题，而网络层要为"报文"分组，并令其以最佳路径通过网络到达目的主机而提供服务。简单地说，网络层要为数据从源点到终点建立物理和逻辑的连接。

(4) 传输层(Transport)：其基本功能是把会话层接收到的数据报拆成若干数据块传到网络层，并保证这些数据正确地到达目的地。该层控制"源主机"到"目的主机"(端到端)数据的完整性，确保高质量的网络服务，起着网络层和会话层之间的接口作用。

图 8-12(a)中下三层保证分组的正确性、顺序性，而传输层则保证报文的正确性、顺序性，这种保证是由主机到主机之间的应答机构实现的。下层不可恢复的差错通常靠上一层恢复；传输层也有自身不可恢复的错误，应由上一层协议(会话层)组织重传。

(5) 会话层(Session)：用户之间的连接称为会话，为了建立会话，用户必须提供其希望连接的远程地址(会话地址)。会话双方须彼此确认，然后双方按照共同约定的方式(如半双工或全双工)开始数据传输。

会话层不参与具体的数据传输，但它却对数据传输进行管理。它在两个相互通信的进程之间建立、组织和协调它们的交互。

(6) 表示层(Presentation)：是解决信息表示的问题，它只改变信息的表示形式而不改变信息的内容。发、收双方的表示层要完成如下语法转换：发送方将符合自己语法的数据系列转换成符合传送语法的数据系列；接收方再将符合传送语法的数据系列转换成符合自己局部语法的数据系列。通信双方的表示层实体应准备好进行语法转换所需要的编码与解码子程序。

(7) 应用层(Application)：是 OSI 模型的最高层，是与用户直接交互的界面，它直接为用户编写的应用程序提供服务，包括满足各种要求的一些协议(如分布式数据库、文件传输等)。用户调用应用层提供的服务来支持自己程序的编写。

2) IEEE802

国际电子电器工程协会 IEEE(the Institute of Electrical and Electronic Engineer)是世界上最为有名的标准化专业组织之一，它对通信的主要贡献是建立了 IEEE802 通信协议。这个协议包含了 IEEE802.1～802.11 等 11 个项目，如图 8-12(b)所示。

3) TCP/IP

美国高级研究院 ARPA(Advanced Research Projects Agency)是美国国防部的一个标准化组织，20 世纪 60 年代开始致力于不同种类计算机间的互联问题的研究，并成功地开发了著名的 TCP/IP(Transmission Control Protocol/Internet Protocol)与 FTP(File Transfer Protocol)通信协议。这个协议已成为当今国际互联网(Internet 网)的通信标准，如图 8-12(c)所示。

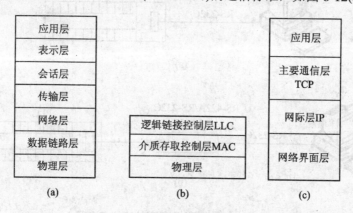

图 8-12 几种通信形式的比较

(a) OSI；(b) IEEE802；(c) TCP/IP

8.2.2 PLC 与 PLC 通信的基础知识

1. 通信方式

PLC 主要有三种通信方式：PLC 与计算机之间的通信；PLC 与 PLC 之间的通信；PLC 与外围设备之间的通信。通过这三种方式，用户可以方便地实现一个集中分散式控制系统；可以用一台计算机监视和控制多台 PLC，实现集中控制；同时也可以将一台中高档 PLC 与多台小型 PLC 之间联网，构成一个灵活的分散控制系统。将这一集中分散式控制系统用于生产线自动控制，可实现各设备和工位之间的连接、互锁，数据的远程、高速收发，增强线路的抗干扰能力；可以随时由计算机发出各种命令对 PLC 进行数据的存取、在线修改；强制置位、复位；监视工作状态；进行故障报警直至更换程序等。下面就三种方式分别进行介绍。

1) PLC 与计算机之间的通信

PLC 与计算机之间的通信是 PLC 通信中最简单、最直接的一种通信形式，几乎所有种类的 PLC 都具有与计算机通信的功能。PLC 与计算机之间的通信又叫上位通信，与 PLC 通信的计算机常称为上位计算机。上位计算机可以是个人电脑，也可以是大、中型计算机。

PLC 与计算机之间的通信主要是通过 RS-232C、RS-422A 进行的。计算机上的通信接口是标准的 RS-232C 接口。若 PLC 上的接口也是 RS-232C，则 PLC 与计算机可以直接通过适配电缆进行连接，如图 8-13(a)所示；若 PLC 上的通信接口是 RS-422A，则必须在 PLC 与计算机之间加一个 RS-422A/RS-232C 的转换电路，再使用适配电缆进行连接，如图 8-13(b)所示。

一台 PLC 与一台 PC 通信称为 1∶1 的通信方式，一台 PC 与多台 PLC 通信称为 1∶N 的通信方式。图 8-13 所示为 1∶1 的通信方式硬件连接示意图。图 8-14 所示为 1∶N 的通信方式硬件连接示意图。

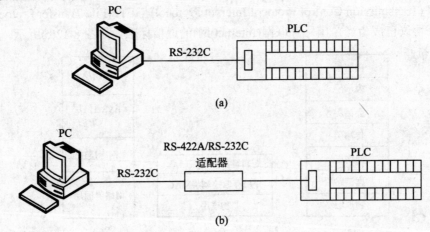

图 8-13 1∶1 的通信方式硬件连接示意图

(a) PLC 直接与计算机通信；(b) PLC 通过转换接口与计算机通信

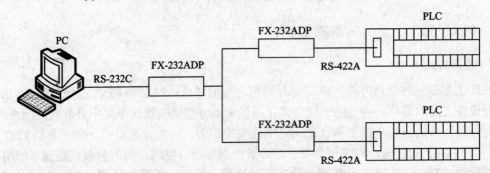

图 8-14 1∶N 的通信方式硬件连接示意图

采用 1∶N 的通信方式，一台 PC 最多可连接 32 台 PLC，构成控制网络。这种通信方式要求配备专用的通信模块 FX-232ADP 通信适配器。与 PC 相连的 FX-232ADP 模块使用

RS-232C电缆与PC的串口相连,与PLC相连的FX-232ADP模块一般使用RS-422A电缆与PLC相连,各个FX-232ADP之间常采用RS-485电缆连接。

2) PLC与PLC之间的通信

在很多控制系统中,需要一台中型或大型PLC作为主机(又称上位机),该主机可控制多台小型PLC,这些小型PLC用来直接连接控制现场设备(又称下位机),从而构成主从式控制网络。这种通信是PLC与PLC之间的通信,也称为远程I/O通信。

上位机PLC配备有专门用于这种通信的"远程I/O主单元",而下位机中也配备有相应的通信模块,称为"I/O链接单元"。这些通信单元采用RS-485方式进行通信,相互之间用双绞线进行连接。各I/O链接单元上有站号设定开关,当有多台下位机连接时可设定各自的站号。这种通信方式最远的传输距离可达1 km,传输速率可达500 kb/s。

3) PLC与外围设备之间的通信

PLC可以通过RS-232C口或RS-422A口与各种外围设备进行通信。常见的PLC外围设备有IOP(智能操作面板)、EPROM写入器、打印机及条码判读器等。

2. PLC网络

在工业控制系统中,对于多任务的复杂控制系统,不可能单靠增大PLC的输入、输出点数或改进机型来实现复杂的控制功能,于是便想到将多台PLC相互连接构成网络。要想使多台PLC能联网工作,其硬件和软件都要符合一定的要求。硬件上,一般要增加通信模块、通信接口、终端适配器、网卡、集线器、调制解调器、缆线等设备或器件。在软件上,要按特定的通信协议,开发具有一定功能的通信程序和网络系统程序,对PLC的软/硬件资源进行统一的管理和调度。

根据PLC网络系统的连接方式,可将其网络结构分为三种基本形式,即总线结构、环型结构和星型结构,如图8-15所示。每一种结构都有各自的优点和缺点,可根据需要进行选择。总线结构,结构简单、可靠性高、易于扩展,因此被广泛使用。

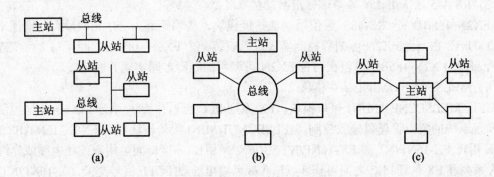

图8-15　PLC的网络结构

(a) 总线结构；(b) 环型结构；(c) 星型结构

PLC发展到今天,不少产品都在其本身的CPU模块上加上了具有网络功能的硬件和软件,实现PLC间的连接已非常方便。当把多台PLC联网以后,从操作的角度看,对任意一个站的操作都可以和使用同一台PLC进行单独操作一样方便。从网络角度看,任意一个站都可以对其他站的元件及数据乃至程序进行操作,这样大大提高了PLC的控制功能。

PLC 网络的信息通信方式是在辅助继电器、数据寄存器专门开辟了一个地址区域,将它们按特定的编号分配给其他各台 PLC,并指定一台 PLC 可以写其中的某些元件,而其他 PLC 可以读这些元件,然后用这些元件的状态去驱动其本身的软元件,以达到通信的目的。各主站之间元件状态信息的交换,则由 PLC 的网络软件自己去完成,不需要用户编程。

3. FX2N 系列 PLC 通信模块

1) RS-232C 通信功能扩展板与通信模块

(1) FX2N-232BD 通信功能模块:RS-232C 的最大通信距离为 15 m,最大传输速率为 19 200 b/s,除了可以与各种 RS-232 设备通信外,还可以通过 FX2N-232BD 连接编程工具,上位机可以使用专用的编程软件对 FX2N 进行编程,或者直接对可编程控制器的运行情况进行监控。

(2) FX2N-232IF 通信模块: 在 FX2N 系列可编程控制器上最多可以连接 8 块 FX2N-232IF 通信模块,可用 FROM/TO 命令收/发数据。

(3) FX0N-232ADP 通信模块:是 RS-232C 通信适配器,光电耦合器绝缘。如果是与 FX0N 单元配套,可将一块这样的通信板安装在 FX0N 单元的左侧;如果是与 FX2N 系列 PLC 配套,需要 FX2N-CNV-BD 作转换。

将 RS-232C 通信模块和功能扩展模块连接到可编程控制器上,可与个人计算机、打印机等装有 RS-232C 接口的设备进行通信,通信时可以使用 FX2N 的串行数据传送指令(RS)。串行通信接口的波特率、数据长度、奇偶性等可以由特殊数据寄存器来设置。

2) FX2N-422BD 通信接口扩展板

FX2N-422BD 用于 RS-422 通信,可以同时连接可编程控制器与两台外部设备。FX2N-422BD 安装在可编程控制器内部,传输距离为 50 m,最大传输速率为 192 000 b/s。

FX-232AWC/FX-232AW 系列接口可以将 RS-232 接口转换为 RS-422 接口,以便于计算机或者其他外围设备可以连接到 FX 系列 PLC。

3) RS-485 通信用适配器与通信用功能扩展板

FX2N-485BD 是 RS-485 通信用功能扩展模块,传输距离为 50 m,最大传输速率为 192 000 b/s。在一台 FX2N 可编程控制器内可以安装一个 FX2N-485BD。除了与上位机连接之外,通过 FX2N-485BD 可以在两台 FX2N 可编程控制器之间实现并联连接。

4) MELSECNET/MINI 接口模块

使用 MELSECNET/MINI 接口模块,FX 系列 PLC 可以作为 A 系列 PLC 的就地控制子站,实现系统的集中管理和分散控制。MELSECNET/MINI 接口模块包括 FX0N-16NT(FX0N、FX2N 用)、FX-16NP/NT 和 FX-16NP/NT-S3(FX2N 用),各接口间可用双绞线电缆或光缆连接。A 系列和 FX 系列 PLC 之间可作 8 点输入/8 点输出的 ON/OFF 信号交换,FX-16NP/NT-S3 还可以用于 16 位数据的交换。

8.2.3 FX2N 系列 PLC 与 PC 的通信

通用计算机软件丰富,界面友好,操作便利,使用通用计算机作为 PLC 的编程工具也十分方便。PLC 与计算机的通信近年来发展很快。在可编程控制器与计算机连接构成的综合系统中,计算机主要完成数据处理、修改参数、图像显示、打印报表、文字处理、编制可编程控制器程序、工作状态监视等任务。可编程控制器仍然直接面向现场、面向设备，进行实时控制。可编程控制器与计算机的连接，可以更有效地发挥各自的优势，互补应用上的不足，扩大可编程控制器的处理能力。

为了适应可编程控制器网络化的要求，扩大联网功能，几乎所有的可编程控制器厂家都为可编程控制器开发了与上位机通信的接口或专用通信模块。一般在小型可编程控制器上都设有 RS-422 通信接口或 RS-232C 通信接口；在中、大型可编程控制器上都设有专用的通信模块。如：三菱 F、F1、F2 系列都设有标准的 RS-422 接口，FX 系列设有 FX-232AW 接口、RS-232C 用通信适配器 FX-232ADP 等。可编程控制器与计算机之间的通信正是通过可编程控制器上的 RS-422 或 RS-232C 接口和计算机上的 RS-232C 接口进行的。可编程控制器与计算机之间的信息交换方式一般采用字符串、双工或半双工、异步、串行通信方式。因此可以这样说，凡具有 RS-232C 接口并能输入/输出字符串的计算机都可用于和 PLC 通信。

运用 RS-232C 和 RS-422 通道，可容易配置一个与外部计算机进行通信的系统。该系统中可编程控制器接收控制系统中的各种控制信息，分析处理后转化为可编程控制器中软元件的状态和数据；可编程控制器又将所有软元件的数据和状态送入计算机，由计算机采集这些数据，进行分析及运行状态监测，用计算机可改变可编程控制器的初始值和设定值，从而实现计算机对可编程控制器的直接控制。计算机与可编程控制器间的数据传输可分为用专用协议数据传输和无协议数据传输两种形式。

1. 用专用协议数据传输

1) 系统配置

对于小型现场设备的监控可以使用单机系统。其控制对象非常明确，与上位计算机通信可采用标准的 RS-232C 接口，如图 8-16 所示。RS-232C 接口的最大通信距离为 15 m。

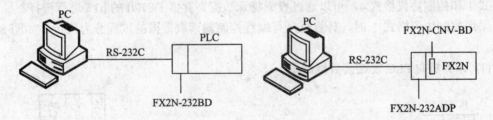

图 8-16　使用 RS-232C 接口的计算机链接系统配置

(a) 采用 FX2N-232BD 通信模块实现 PC 与 PLC 通信；

(b) 采用 FX2N-232ADP 通信模块实现 PC 与 PLC 通信

用一台计算机对多个现场设备进行监控时可以采用单机扩展系统，其特点是分布于各点的现场设备之间的电气控制没有逻辑上的控制和联锁。各分布点上的 PLC 通过 RS-485A 总线与上位计算机通信，各 PLC 之间不能进行通信，如图 8-17 所示。采用 RS-485A 接口的单机扩展系统，能够很方便地解决现场设备比较分散的问题，适合比较大的控制系统，但应用的局限性也比较突出，各分控的 PLC 间不能通信，只有通过上位计算机才能实现对分控点之间的联控，这样对上位计算机的依赖很大，影响了系统的可靠性。

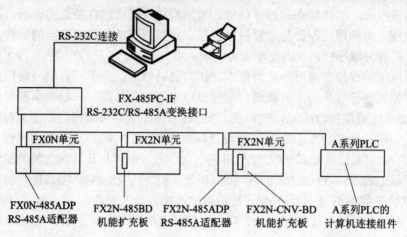

图 8-17　使用 RS-485A(422A)接口的计算机链接系统配置

用 FX2N 可编程控制器进行数据传输时，用 RS-485A 单元进行的数据传输可用专用协议在 1∶N 的基础上完成。

系统中除了 FX2N 系列可编程控制器外，还可连接 FX0N、FX1N、FX2C 和 A 系列可编程控制器。RS-485A(422A)接口的最大通信距离为 500 m。系统中若使用 FX2N-485BD 通信板，则最大通信距离仅为 50 m。

2) 专用协议

串行通信中还有一种通信方式，称为协议通信，其传输的是指令而非直接的信息，这些指令是一些预先制定的协议。协议通信是 ASCII 码字符串，双方需对接收到的字符串进行分析。

由 FX 系列可编程控制器构成的计算机链接系统有两种规定的协议通信格式，即控制协议格式 1 和控制协议格式 4，可以通过设置特殊数据寄存器 D8120 的 b15 进行选择。

采用控制协议格式 1 时，计算机从可编程控制器读取数据的过程分为三步，如图 8-18 所示。

(1) 计算机向 PLC 发送读数据命令。

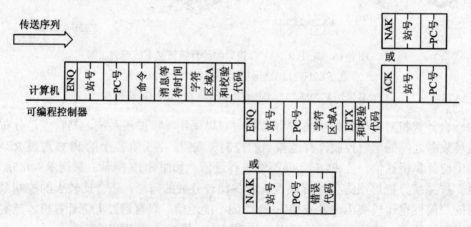

图 8-18　控制协议格式 1 下计算机从可编程控制器读取数据

（2）PLC接收到命令后执行相应的操作，将要读取的数据发送给计算机。

（3）计算机在接收到相应的数据后向PLC发送确认响应，表示数据已接收到。

计算机向PLC写数据的过程分为两步，如图8-19所示。

（1）计算机首先向PLC发送写数据命令。

（2）PLC接收到写数据命令后执行相应的操作，执行完成后向计算机发送确认信号，表示写数据操作完成。

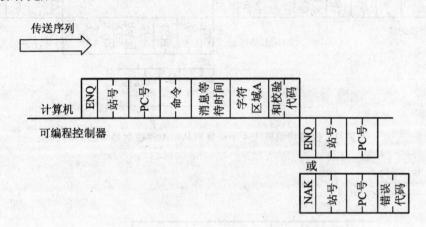

图8-19　控制协议格式1下计算机向可编程控制器写数据

站号用来确定计算机在访问哪个可编程控制器。在FX系列可编程控制器中，站号通过特殊数据寄存器D8121来设定，设定范围为00H～0FH。

PC号用来确定可编程控制器CPU的数字。FX系列可编程控制器的PC号是FFH，由两位ASCII码表示。

字符区域的内容依赖于具体的单个系统，不随控制协议的格式而变化。

和校验代码用来确定消息中数据有没有受到破坏，由特殊数据寄存器D8120中的b13设定，为1时，使用和校验代码。和校验代码根据和校验区域中的ASCII码字符的十六进制值计算得到，取低两位作为和校验代码，由两个ASCII码字符表示。

如果读/写数据的命令有误，则PLC向计算机发送有错误代码的命令，如图8-18和图8-19中以NAK开始的命令。

例如：已知传输站号为0，PC号为FF，命令BR(元件存储器或批读)，消息等待时间为30 ms，字符区域的数据为ABCD，计算和校验代码。

如图8-20所示，将和校验区域内的所有字符的十六进制ASCII码相加，所得和的最低两位为BDH，即为和校验代码。

ENQ	站号		PC号		命令		消息等待时间 3	字符区域				和校验代码	
	0	0	F	F	B	R		A	B	C	D	B	D
05H	30H	30H	46H	46H	42H	52H	33H	41H	42H	43H	44H	42H	44H

图8-20　和校验代码的计算

控制协议格式 4 与控制协议格式 1 的差别在于每一个传输数据块上都添加了终结码 CR+LF。PLC 与计算机之间读/写数据的传输格式如图 8-21 和图 8-22 所示。

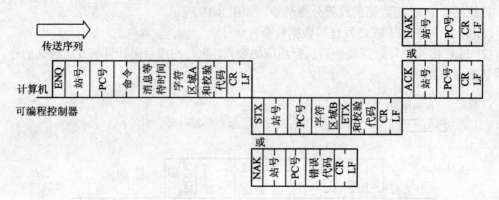

图 8-21　控制协议格式 4 下计算机从可编程控制器读取数据

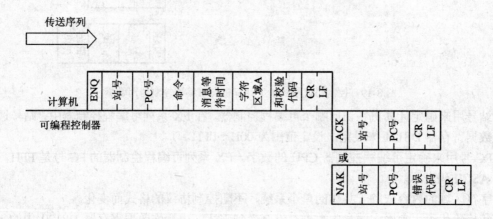

图 8-22　控制协议格式 4 下计算机向可编程控制器写数据

2. 无协议通信

多数 PLC 都有串行口无协议通信指令。FX 系列可编程控制器为 RS 指令。RS 指令属外围设备功能指令，用于 PLC 与上位计算机或其他 RS-232C 设备的通信。

无协议通信方式最为灵活，PLC 与 RS-232C 设备之间可使用用户自定义的通信规约，但 PLC 的编程复杂，对编程人员要求较高。如果不同厂家的设备使用的通信规约不同，即使物理接口都是 RS-485A，也可通过无协议通信完成。此通信使用 RS 指令或一个 FX2N-232IF 特殊功能模块。

无协议通信的传输标准符合 RS-485A、RS-422A 或 RS-232C；FX2N 可编程控制器 RS-485A 或 RS-422A 接口的最大传输距离为 500 m，支持 1∶N；RS-232C 接口的最大传输距离为 15 m，连接数目为 1∶N；采用全双工通信方式；数据长度为 7/8 位；可采用无/奇/偶校验；停止位为 1/2 位；传输速率为 300 b/s、600 b/s、1200 b/s、2400 b/s、4800 b/s、9600 b/s 或 19 200 b/s。

1) 系统配置

FX2N 系列 PLC 可与表 8-4 所示的通信接口实现 RS-485A、RS-422A 或 RS-232C 无协议通信。

表 8-4　无协议通信时 PLC 与通信接口的配置

传输标准	PLC 型号	使 用 接 口	最大通信距离/m
RS-232C	FX2N	FX2N-232BD	
		FX2N-CNV-BD 和 FX0N-232ADP	15
		FX2NC-CNV-IF 和 FX2N-232IF	
RS-485A(422A)		FX2N-485BD	50
		FX2N-CNV-BD 和 FX0N-485ADP	500

注：使用计算机的 RS-232C 接口连接时，需要 RS-485A/RS-232C 信号转换器。

2) 通信数据的处理

在进行无协议通信的通信数据处理时，首先使用 RS 指令实现通信模式以及设置发送和接收缓冲区，并在 PLC 中编制有关程序。

无协议通信有两种数据处理模式：16 位数据处理模式和 8 位数据处理模式。

(1) 16 位数据处理模式。当特殊辅助继电器 M8161=OFF 时，无协议通信进行 16 位数据处理。在 16 位数据处理模式下，先发送或接收数据寄存器的低 8 位，然后是高 8 位。相应的 RS 指令程序及数据处理过程如图 8-23～图 8-25 所示。

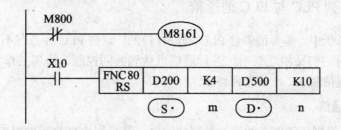

图 8-23　RS 指令在处理 16 位数据时的控制程序

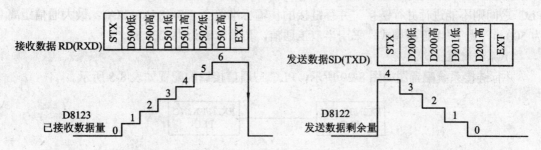

图 8-24　发送数据和发送数据剩余量　　　　　　图 8-25　接收数据和接收数据剩余量

(2) 8 位数据处理模式。当特殊辅助继电器 M8161=ON 时，无协议通信进行 8 位数据处理。在 8 位数据处理模式下，只发送或接收数据寄存器的低 8 位，不使用高 8 位。相应的 RS 指令程序及数据处理过程如图 8-26～图 8-28 所示。

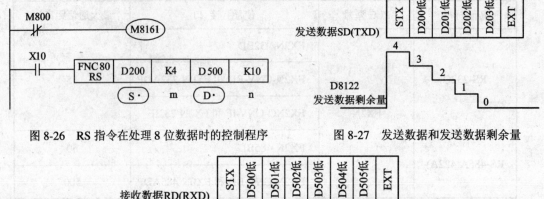

图 8-26　RS 指令在处理 8 位数据时的控制程序　　　　图 8-27　发送数据和发送数据剩余量

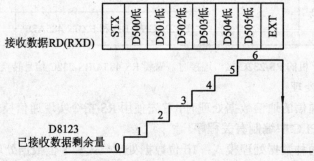

图 8-28　接收数据和接收数据剩余量

8.2.4　FX2N 系列 PLC 与 PLC 的通信

在很多控制系统中，需要很多台 PLC 来进行控制。这些 PLC 各自有不同的分工，进行各自的控制，同时它们又相互联系，进行通信以达到共同控制、协调工作的目的。这里主要介绍双机并行通信和 N：N 通信网络。

1. 双机并行通信

FX2N 系列可编程控制器之间进行数据传输时，是采用 100 个辅助继电器和 10 个数据寄存器在 1：1 的基础上完成的，这种通信连接模式称为并行链接。而 FX2N 与其他系列的 PLC 之间则不能进行并行链接。并行链接的传输标准符合 RS-485A(422A)，最大通信距离为 500 m，为 1：1 连接模式，采用半双工通信，传输速率为 19 200 b/s。

1) 系统配置

并行链接系统配置图如图 8-29 所示，PLC 与通信接口的配置如表 8-5 所示。

图 8-29　并行链接的系统配置

表 8-5　并行链接时 PLC 与通信接口的配置

PLC 型号	使 用 接 口	通信介质	最大通信距离/m
FX2N FX2NC	FX2N-485BD		50
	FX2N-CNV-BD 和 FX0N-485ADP	屏蔽双绞线	500
	FX0N-485ADP		500

2) 设置

(1) 辅助继电器。与并行链接相关的辅助继电器和数据寄存器如表 8-6 所示。

表 8-6　并行链接需设置的相关辅助继电器和数据寄存器

辅助继电器和数据寄存器	动 作 功 能
M8070	并行链接中，可编程控制器为主站点时驱动
M8071	并行链接中，可编程控制器为从站点时驱动
M8072	并行链接中，可编程控制器运行时为 ON
M8073	并行链接中，M8070/M8071 设置不正确时为 ON
M8162	并行链接为高速模式时为 ON，仅 2 个数据字读/写
D8070	并行链接监视时间

(2) 模式和链接单元。并行链接的工具模式有普通式和高速模式两种，通过特殊辅助继电器 M8162 来设置。主、从站之间通过周期性的自动通信并由表 8-7 和表 8-8 中所示的辅助继电器与数据寄存器实现数据共享。

表 8-7　并行链接普通模式下的链接单元

	主站→从站	从站→主站
通信元件	M800～M899(100 点) D490～D499(10 点)	M800～M899(100 点) D500～D509(10 点)
通信时间	70(ms)+主扫描时间(ms)+从扫描时间(ms)	

表 8-8　并行链接高速模式下的链接单元

	主站→从站	从站→主站
通信元件	D490，D491(2 点)	D500，D501(2 点)
通信时间	20(ms)+主扫描时间(ms)+从扫描时间(ms)	

① 普通模式：特殊辅助继电器 M8162=OFF 时，并行链接工作在普通模式下，如图 8-30 所示。

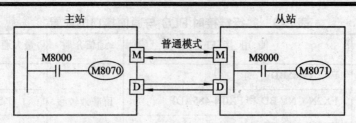

图 8-30 并行链接的普通工作模式

例如：两台 FX2N 系列 PLC 采用并行链接方式通信，工作在普通模式下。设计满足下列要求的主站和从站程序。

- 主站点的输入点 X0~X7 的状态输出到从站点的输出点 Y0~Y7；
- 当主站点的计算值(D0+D2)≤100 时，从站点的输出点 Y10 为 ON；
- 从站点的 M0~M7 的状态输出到主站点的 Y0~Y7；
- 从站点的 D10 的值作为主站点计算器 T0 的设定值。

主站点和从站点的控制程序如图 8-31 和图 8-32 所示。

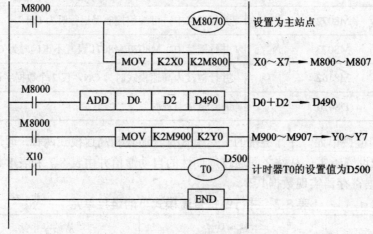

图 8-31 主站点的控制程序

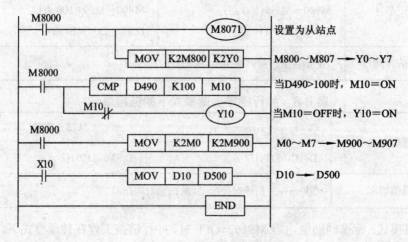

图 8-32 从站点的控制程序

② 高速模式：特殊辅助继电器 M8162=ON 时，并行链接工作在高速模式下，如图 8-33 所示。

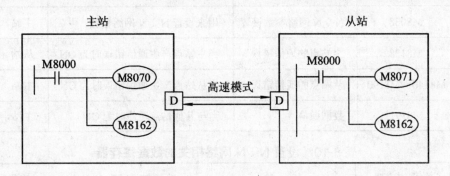

图 8-33 并行链接的高速工作模式

2. N∶N 通信网络

N∶N 链接通信协议用于最多 8 台 FX 系列 PLC 之间的自动数据交换，其中一台为主机，其余为从机，在每台 PLC 的辅助继电器和数据寄存器中分别有系统指定的共享数据区域，网络中的每一台 PLC 都分配有各自的共享辅助继电器和数据寄存器。

对于网络中的每一台 PLC，分配给它的共享数据区的数据自动地传送到其他站的相同区，分配给其他 PLC 共享数据区中的数据是由其他站自动传送过来的。对于每台 PLC 的用户程序，在使用其他站自动传送过来的数据时，就像使用本身内部数据区的数据一样。

使用此网络通信，能链接成一个小规模系统中的数据，每一个站可以监视其他站共享数据的数字状态。

1) 系统配置

N∶N 网络的传输标准符合 RS-485A，最大通信距离为 500 m，总站点数最大为 8 个，其中一台为主机，其余为从机，采用半双工通信，传输速率为 38 400 b/s，其系统配置如图 8-34 所示。系统中若使用 FX2N(1N)-485BD 通信板，则最大通信距离仅为 50 m。

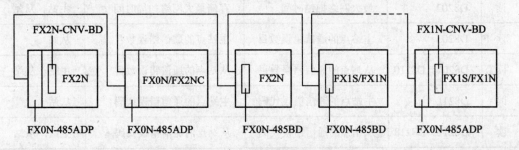

图 8-34 N∶N 网络系统配置

2) 设置

在 N∶N 网络系统中，通信数据元件对网络的正常工作起到了非常重要的作用，只有对这些数据元件进行标准的设置，才能保证网络的可靠运行。

(1) 辅助继电器和数据寄存器。

表 8-9 和表 8-10 所示为与 N∶N 网络设置相关的辅助继电器和数据寄存器。

表 8-9　设置 N∶N 网络相关的辅助继电器

特性	辅助继电器	名　称	描　述	响应类型
读	M8038	N∶N 网络参数设置	用来设置 N∶N 网络参数	主站,从站
读	M8138	主站点的通信错误	当主站点产生通信错误时为 ON	从站
读	M8140～M8190	从站点的通信错误	当从站点产生通信错误时为 ON	主站,从站
读	M8191	数据通信	当与其他站点通信时为 ON	主站,从站

表 8-10　设置 N∶N 网络相关的数据寄存器

特性	数据寄存器	名　称	描　述	响应类型
读	D8173	站点号	存储自己的站点号	主站,从站
读	D8174	从站点数	存储从站点的总数	主站,从站
读	D8175	刷新范围	存储刷新范围	主站,从站
写	D8176	站点号设置	设置自己的站点号	主站,从站
写	D8177	总从站点数设置	设置从站点总数	主站
写	D8178	刷新范围设置	设置刷新范围	主站
读/写	D8179	重试次数设置	设置重试次数	主站
读/写	D8180	通信超时设置	设置通信超时	主站
读	D8201	当前网络扫描时间	存储当前网络扫描时间	主站,从站
读	D8202	最大网络扫描时间	存储最大网络扫描时间	主站,从站
读	D8203	主站点的通信错误数目	主站点的通信错误数目	从站
读	D8204～D8210	从站点的通信错误数目	从站点的通信错误数目	主站,从站
读	D8211	主站点的通信错误代码	主站点的通信错误代码	从站
读	D8212～D8218	从站点的通信错误代码	从站点的通信错误代码	主站,从站

　　编号与从站点号对应：辅助继电器 M8184～M8190 分别依次对应第 1 从站点、第 2 从站点……第 7 从站点；数据寄存器 D8204～D8210 和 D8212～D8218 分别依次对应第 1 从站点、第 2 从站点……第 7 从站点。

　　(2) 设置。

　　① 设定站点号 D8176。

　　D8176=0～7，设定 0～7 到特殊数据寄存器 D8176 中。其中，0 为主站点，1～7 分别对应第 1～7 从站点。

② 设定从站点总数 D8177。

D8177=0～7,设定 0～7 到特殊数据寄存器 D8177 中。其中,0 表示没有从站点,1～7 分别表示系统中有 1～7 从站点。对于从站点,不需要设置该参数。

③ 设置刷新范围 D8178。

D8178=0～2,设定 0～2 到特殊数据寄存器 D8178 中,选择 3 种刷新范围模式(模式 0,模式 1,模式 2)。模式 0 共享每台 PLC 的 4 个数据寄存器,模式 1 共享每台 PLC 的 32 点辅助继电器和 4 个数据寄存器,模式 2 共享每台 PLC 的 64 点辅助继电器和 8 个数据寄存器。对于从站点,不需要设置该参数。在每种模式下,使用的元件被 N∶N 网络的所有站点占用,共享的软元件如表 8-11 所示。

表 8-11　不同刷新范围模式下 N∶N 网络占用的软元件

站点号	模式 0		模式 1		模式 2	
	位元件 M	字元件 D	位元件 M	字元件 D	位元件 M	字元件 D
	0 点	4 点	32 点	4 点	64 点	8 点
第 0 号	—	D0～D3	M1000～M1031	D0～D3	M1000～M1063	D0～D7
第 1 号	—	D10～D13	M1064～M1095	D10～D13	M1064～M1127	D10～D17
第 2 号	—	D20～D23	M1128～M1159	D20～D23	M1128～M1191	D20～D27
第 3 号	—	D30～D33	M1192～M1223	D30～D33	M1192～M1255	D30～D37
第 4 号	—	D40～D43	M1256～M1287	D40～D43	M1256～M1319	D40～D47
第 5 号	—	D50～D53	M1320～M1351	D50～D53	M1320～M1383	D50～D57
第 6 号	—	D60～D63	M1384～M1415	D60～D63	M1384～M1447	D60～D67
第 7 号	—	D70～D73	M1448～M1479	D70～D73	M1448～M1511	D70～D77

④ 设定重试次数 D8179。

D8179=0～10,设定 0～10 到特殊数据寄存器 D8179 中。对于从站点,不需要设置该参数。如果主站点试图以此重试次数(或更高)与从站点通信,则该站点将发生错误。

⑤ 设置通信超时 D8180。

D8180=5～255,设定 5～255 到特殊数据寄存器 D8180 中。将设定值乘以 10 ms 就是通信超时的持续时间。通信超时是主站点与从站点间的通信驻留时间。对于从站点,不需要设置该参数。

例如:设计 N∶N 网络主站参数设定程序,实现 N∶N 网络中主站点参数的设定,要求:

- 系统包括 2 个从站点;
- 刷新设置为模式 1;
- 重试次数设定为 3 次;
- 通信超时设定为 60 ms。

主站参数设定程序如图 8-35 所示。

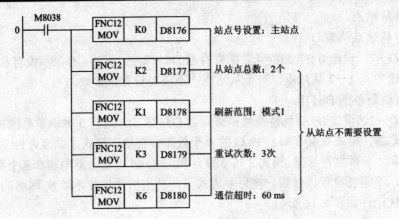

图 8-35　主站参数设定程序

8.3　课堂演示——两台 FX2N 系列 PLC 的并行通信

1. 设计要求

设计实现两台 FX2N 系列 PLC 的并行通信，要求主站点和从站点 PLC 满足下列要求：

(1) 主站点的输入点 X0～X7 的状态输出到从站点的输出点 Y0～Y7；

(2) 当主站点的计算值(D0+D2)≤100 时，从站点的输出点 Y10 为 ON；

(3) 从站点的 M0～M7 的状态输出到主站点的 Y0～Y7；

(4) 从站点的 D10 的值作为主站点计算器 T0 的设定值。

硬件接线图如图 8-36 所示。

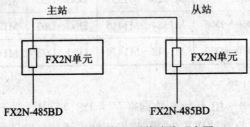

图 8-36　双机并行通信连线示意图

2. 演示电路控制程序

(1) 梯形图程序如图 8-31 和图 8-32 所示。

(2) 指令表程序。

① 主站点控制程序如下：

```
    LD    M8002
    OUT   M8070
    MOV   K2X0  K2M800
    LD    M8000
    ADD   D0    D2    D490
    LD    M8000
```

```
MOV    K2M900    K2Y0
LD     X10
OUT    T0        D500
END
```

② 从站点控制程序如下：

```
LD     M8000
OUT    M8071
MOV    K2M800    K2Y0
LD     M8000
CMP    D490      K100    M10
ANI    M10
OUT    Y10
LD     M8000
MOV    K2M0      K2M900
LD     X10
MOV    D10       D500
END
```

3. 演示步骤

(1) 演示通信模块 FX2N-485BD 的安装过程，按图 8-36 所示完成硬件接线。

(2) 在计算机上通过 FXGP/WIN 软件进行通信参数的设定。

(3) 将通信测试程序写入 PLC，运行测试程序，确认主站和从站的正确链接。

(4) 将程序写入 PLC 中，将运行模式开关拨到 RUN 位置，使 PLC 进入程序运行状态。

(5) 观察从站 PLC 的 Y10 的输出。

(6) 观察主站 PLC 的 T0 的运行状态。

(7) 修改主站 PLC 程序中 D0 和 D2 的数据，并观察从站 PLC 的 Y10 的输出。

(8) 修改从站 PLC 程序中 D10 的数据，并观察主站 PLC 的 T0 的运行状态。

8.4　技 能 训 练

本模块技能训练内容为 PLC 系统 N∶N 网络的硬件连线及软件程序的编制。

一、实训目的

(1) 熟悉 N∶N 网络的通信链接的硬件接线。

(2) 熟悉 N∶N 网络通信的初始化，通信参数的设置，通信测试及判定的方法。

(3) 掌握主站和从站程序的设计方法。

二、实训原理及实训电路

实训电路图如图 8-37 所示，实现 3 台 PLC 之间的通信，站号 0 为主站，站号 1 和站号

2 为从站，编制程序实现表 8-12 所示的数据处理。

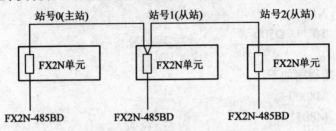

图 8-37　实训电路示意图

表 8-12　主站、从站动作列表

动作编号	数 据 源		数据变更对象及内容	
①	主站	输入 X000～X003 (M1000～M1003)	从站 1	到输出 Y010～Y013
			从站 2	到输出 Y010～Y013
②	从站 1	输入 X000～X003 (M1064～M1067)	主站	到输出 Y014～Y017
			从站 2	到输出 Y014～Y017
③	从站 2	输入 X000～X003 (M1128～M1131)	主站	到输出 Y020～Y023
			从站 1	到输出 Y020～Y023
④	主站	数据寄存器 D1	从站 1	到计数器 C1 的设定值
	从站 1	计数器 C1 的触点(M1070)	主站	到输出 Y005
⑤	主站	数据寄存器 D2	从站 1	到计数器 C2 的设定值
	从站 1	计数器 C2 的触点(M1140)	主站	到输出 Y006
⑥	从站 1	数据寄存器 D10	主站	从站 1(D10)和从站 2(D20)相加后保存到 D3 中
	从站 2	数据寄存器 D20		
⑦	主站	数据寄存器 D0	从站 1	主站(D0)和从站 2(D20)相加后保存到 D11 中
	从站 2	数据寄存器 D20		
⑧	主站	数据寄存器 D0	从站 2	主站(D0)和从站 1(D10)相加后保存到 D21 中
	从站 1	数据寄存器 D10		

三、参考梯形图及指令表程序

通信参数的设计如表 8-13 所示。

表 8-13　通信参数设置列表

系统用软元件	主站	站号 1	站号 2	内　容
D8176	K0	K1	K2	设定站号
D8177	K2	—	—	总从站站点数：2 台
D8178	K2	—	—	刷新范围：模式 2
D8179	K5	—	—	重试次数：5 次
D8180	K7	—	—	监视时间：70 ms

1. 主站程序设定

(1) 参数程序设定部分梯形图如图 8-38 所示。

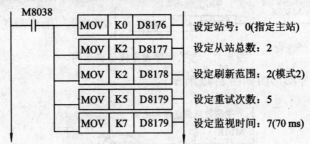

图 8-38 参数程序设定部分梯形图

(2) 出错显示部分梯形图如图 8-39 所示。

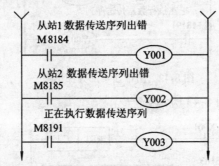

图 8-39 出错显示部分梯形图

(3) 动作部分梯形图如图 8-40 所示。

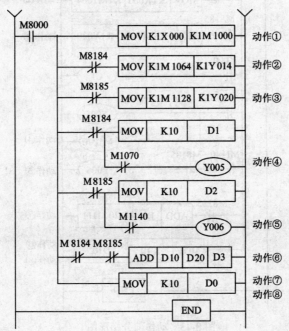

图 8-40 动作部分梯形图

2. 从站(站号 1)程序设定

(1) 参数程序设定部分梯形图如图 8-41 所示。

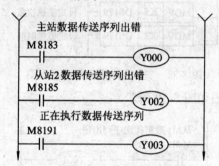

图 8-41   参数程序设定部分梯形图

(2) 出错显示部分梯形图如图 8-42 所示。

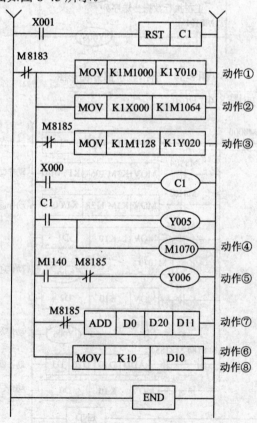

图 8-42   出错显示部分梯形图

(3) 动作部分梯形图如图 8-43 所示。

图 8-43   动作部分梯形图

3. 从站(站号 2)程序设定

(1) 参数程序设定部分梯形图如图 8-44 所示。

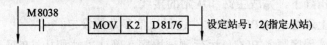

图 8-44　参数程序设定部分梯形图

(2) 出错显示部分梯形图如图 8-45 所示。

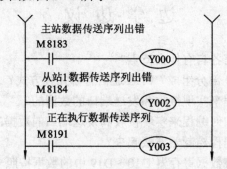

图 8-45　出错显示部分梯形图

(3) 动作部分梯形图如图 8-46 所示。

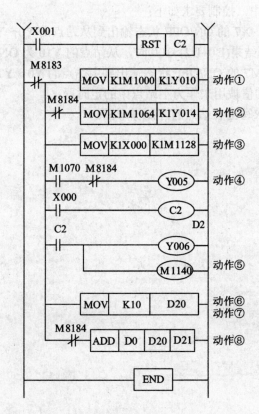

图 8-46　动作部分梯形图

四、实训步骤

(1) 在教师的指导下，完成主站和从站的接线。

(2) 在计算机上通过 FXGP/WIN 软件进行通信参数的设定。

(3) 将通信测试程序写入 PLC，运行测试程序，确认主站和从站的正确链接。

(4) 将编制的程序写入 PLC，进入监控模式，监控主站和从站数据的变化。

边 学 边 议

1. 串行通信和并行通信各自有什么特点？

2. PLC 通信系统由哪几部分组成？PLC 通信有哪几种方式？

3. 计算机端是如何编程来实现接收和发送端口的数据的？

4. 可编程控制器端是如何编程来实现接收和发送端口的数据的？

5. 如何将计算机和可编程控制器连接起来？

6. 利用串行通信指令将数据寄存器 D10～D19 中的数据按照 16 位通信模式传送出去，并将接收的数据转存在 D100～D109 中，再将 D105 的数据与 K50 进行比较，当数值相等时使 Y10=ON，试设计梯形图。

7. 在并行通信系统中，控制要求如下：

(1) 主站点输入 X0～X7 的 ON/OFF 状态输出到从站点的 Y0～Y7。

(2) 当主站点的计算结果(D0+D2)>100 时，从站点的 Y10 为 ON。

(3) 从站点的 M0～M7 的 ON/OFF 状态输出到主站点的 Y0～Y7。

(4) 从站点中 D10 的值被用来作为主站点中的定时器。

试根据上述控制要求写出各站点的控制梯形图。

知识模块九 PLC 控制系统设计

本模块简要介绍三菱 FX2N 系列 PLC 产品在控制系统中的总体设计、减少 PLC 输入和输出点数的方法及提高 PLC 控制系统可靠性的措施。

9.1 教 学 组 织

一、教学目的

(1) 通过两种液体混合装置的控制应用实例的学习，能够运用所学基本指令以及功能指令进行 PLC 控制系统的设计。

(2) 建立 PLC 控制系统总体设计的思路。

(3) 了解 PLC 控制系统设计的基本原则和编程方法。

(4) 了解 PLC 在编程中节省 I/O 点数的方法。

(5) 了解 PLC 控制系统的抗干扰措施。

二、教学节奏与方式

	项目	教学安排	教学方式
1	教师讲授	6 学时	对照实例，介绍 PLC 控制系统设计思路
2	技能训练	2 学时	通过技能训练，了解 PLC 控制系统设计的过程

9.2 教 学 内 容

PLC 控制系统设计是 PLC 应用中最关键的问题，也是整个电气控制的设计核心。

9.2.1 PLC 在两种液体混合装置控制系统中的应用

1. 装置结构和控制要求

1) 装置结构

图 9-1 所示为两种液体混合装置的结构。SL1、SL2、SL3 为三个液面传感器，液面淹没时触点接通，两种液体的注入和混合液体流出阀门分别由电磁阀 YV1、YV2、YV3 控制，M 为搅拌电动机。

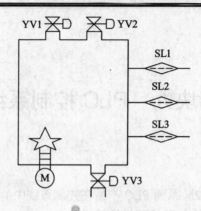

图 9-1　两种液体混合装置的结构

2) 控制要求

(1) 初始控制。装置投入运行时，液体 A、B 阀门关闭，混合液阀门打开 30 s，将容器放空后关闭。

(2) 启动控制。按下启动按钮 SB1，开始按下述要求动作：

液体 A 阀门打开，液体 A 流入容器。当液面到达 SL2 时，SL2 接通，关闭液体 A 阀门，打开液体 B 阀门，流入液体 B。

当液面到达 SL1 时，关闭液体 B 阀门，启动搅拌电动机，搅拌 2 min 后停止搅动，混合液体阀门打开，开始放出混合液体。当液面下降到 SL3 时，SL3 断开，再经过 30 s 后，容器放空，混合液体阀门关闭，开始下一周期的操作。

(3) 停止控制。按下停止按钮 SB2 后，在当前的混合操作处理完毕后才停止操作，即停在初始状态上。

2. 两种液体混合装置的 PLC 硬件接线图

两种液体混合装置的 PLC 硬件接线图如图 9-2 所示。

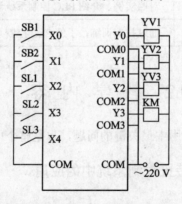

X0—SB1启动按钮；Y0—液体A电磁阀YV1；X1—SB2停止按钮；
Y1—液体B电磁阀YV2；X2—液面传感器SL1；Y2—混合液电磁阀YV3；
X3—液面传感器SL2；Y3—搅拌电动机接触器KM；X4—液面传感器SL3

图 9-2　两种液体混合装置的 PLC 硬件接线图

3. 梯形图设计及过程分析

根据要求，设计其梯形图，如图 9-3 所示。

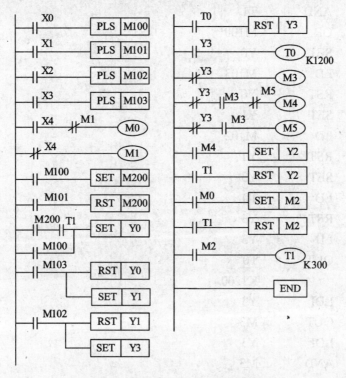

图 9-3 两种液体混合装置的梯形图

指令语句表如下：

0	LD	X0
1	PLS	M100
3	LD	X1
4	PLS	M101
6	LD	X2
7	PLS	M102
9	LD	X3
10	PLS	M103
12	LDI	X4
13	ANI	M1
14	OUT	M0
15	LDI	X4
16	OUT	M1
17	LD	M100
18	SET	M200
19	LD	M101

20	RST	M200
21	LD	M200
22	AND	T1
23	OR	M100
24	SET	Y0
25	LD	M103
26	RST	Y0
27	SET	Y1
28	LD	M102
29	RST	Y1
30	SET	Y3
31	LD	T0
32	RST	Y3
33	LD	Y3
34	OUT	T0
		K1200
37	LDI	Y3
38	OUT	M3
39	LDI	Y3
40	AND	M3
41	ANI	M5
42	OUT	M4
43	LDI	Y3
44	AND	M3
45	OUT	M5
46	LD	M4
47	SET	Y2
48	LD	T1
49	RST	Y2
50	LD	M0
51	SET	M2
52	LD	T1
53	RST	M2
54	LD	M2
55	OUT	T1
		K300
58	END	

工作过程分析如下:

按下启动按钮 SB1,X0 的常开触点闭合,M100 产生启动脉冲,梯形图第 9 行的 M100

的常开触点闭合，使 Y0 保持接通，液体 A 电磁阀 YV1 打开，液体 A 注入容器。

当液面上升到 SL3 时，尽管 X4 的常开触点闭合，但输出并无动作。当液面上升到 SL2 时，X3 的常开触点接通，M103 产生脉冲，梯形图第 10 行的 M103 的常开触点接通一个扫描周期，使 Y0 复位，YV1 电磁阀失电关闭，液体 A 停止注入；同时使 Y1 接通保持，电磁阀 YV2 得电打开，液体 B 注入容器。

当液面上升到 SL1 时，X2 的常开触点接通，M102 产生脉冲，梯形图第 11 行的 M102 的常开触点接通，使 Y1 失电复位，电磁阀 YV2 关闭，液体 B 停止注入；同时 Y3 线圈得电，搅拌电动机 M 启动工作，开始搅匀。梯形图第 13 行的定时器 T0 启动工作，经过 120 s 后，第 13 行的 T0 的常开触点闭合，Y3 线圈失电复位，电动机停止搅动。Y3 的常闭触点接通，M4 线圈接通一个扫描周期，M4 的常开触点使 Y2 线圈得电保持，电磁阀 YV3 打开，开始放混合液。当液面降到 SL3 以下时，X4 的常闭触点接通，M0 产生脉冲，使得 M2 线圈接通，启动定时器 T1。30 s 后混合液流完，T1 的常开触点接通，Y2 线圈失电复位，电磁阀 YV3 关闭。同时第 9 行的 T1 触点闭合，Y0 线圈得电，电磁阀 YV1 打开，液体 A 注入，开始下一循环。

按下停止按钮 SB2，X1 的常开触点接通，M101 产生停止脉冲，使 M200 复位，第 9 行的 M200 的常开触点断开，当前的混合操作处理完毕后，Y0 不能再次接通，即停止操作。

9.2.2　PLC 控制系统设计的一般步骤

1. 控制系统设计的原则

任何一种电气控制系统都是为了实现被控对象(生产设备或生产过程)的工艺要求，以提高生产效率和产品质量。因此，在设计 PLC 控制系统时，应遵循以下基本原则：

(1) 最大限度地满足被控对象的控制要求。设计前，应深入现场进行调查研究，搜集资料，并与机械部分的设计人员和实际操作人员密切配合，共同拟定电气控制方案，协同解决设计中出现的各种问题。

(2) 在满足控制要求的前提下，力求使控制系统简单、经济，使用及维修方便。

(3) 保证控制系统的安全、可靠。

(4) 考虑到生产的发展和工艺的改进，在选择 PLC 容量时，应适当留有裕量。

2. 控制系统设计的基本内容

PLC 控制系统是由 PLC 与用户输入、输出设备连接而成的，因此，PLC 控制系统设计的基本内容应包括以下几点：

(1) 选择用户输入设备(按钮、操作开关、限位开关、传感器等)、输出设备(继电器、接触器、信号灯等执行元件)以及由输出设备驱动的控制对象(电动机、电磁阀等)。

(2) PLC 的选择。PLC 是 PLC 控制系统的核心部件，正确选择 PLC 对于保证整个控制系统的技术经济性能指标起着重要的作用。选择 PLC，应包括机型的选择、容量的选择、I/O 模块的选择、电源模块的选择等。

(3) 分配 I/O 点，绘制 I/O 连接图。

(4) 设计控制程序，包括设计梯形图、语句表(即程序清单)和控制系统流程图。控制程序是控制整个系统工作的软件，是保证系统工作安全、可靠的关键。因此，控制程序的设计必须经过反复调试、修改，直到满足要求为止。

(5) 必要时还需设计控制台(柜)。

(6) 编制控制系统的技术文件，包括说明书、电气图及电气元件明细表等。传统的电气图一般包括电气原理图、电器布置图及电器安装图。在 PLC 控制系统中，这一部分图可以统称为"硬件图"。它在传统电气图的基础上增加了 PLC 部分，因此在电气原理图中应增加 PLC 的 I/O 连接图。

此外，在 PLC 控制系统的电气图中还应包括程序图(梯形图)，又称为"软件图"。向用户提供"软件图"，可便于用户在发展生产或改进工艺时修改程序，并有利于用户维修分析和排除故障。

3. 控制系统设计的一般步骤

图 9-4 所示为可编程控制器系统设计流程，具体设计步骤如下：

(1) 根据生产的工艺过程分析控制要求，如需要完成的动作(动作顺序、动作条件、必需的保护和联锁等)、操作方式(手动、自动、连续、单周期、单步等)。

(2) 根据控制要求确定所需的用户输入、输出设备，据此确定 PLC 的 I/O 点数。

(3) 选择 PLC 系统。

(4) 分配 PLC 的 I/O 点，设计 I/O 连接图(这一步也可以结合第(2)步进行)。

(5) 进行 PLC 程序设计，同时可进行控制台(柜)的设计和现场施工。在设计继电器控制系统时，必须在控制线路(接线程序)设计完成后，才能进行控制台(柜)的设计和现场施工。可见，采用 PLC 控制，可以使整个工程的周期缩短。

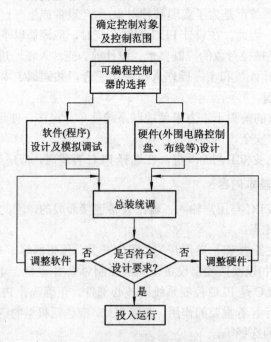

图 9-4　可编程控制器系统设计流程

4. 程序设计的步骤

PLC 程序设计是 PLC 控制系统原理设计的核心内容，其步骤如下：

(1) 列写系统占用的输入、输出点及机内各软元件的分布及用途。

(2) 根据控制要求列写控制操作的各种要求。对于较复杂的控制系统，需绘制控制流程图，用以清楚地表明动作的顺序和条件。对于简单的控制系统，也可省去这一步。

(3) 设计梯形图。这是程序设计的关键一步，也是比较困难的一步。要设计好梯形图，除了十分熟悉控制要求外，同时还要有一定的电气设计的实践经验。

(4) 根据梯形图编制程序清单(若使用的编程器可直接输入梯形图，则可省去此步)。

(5) 用编程器将程序键入到 PLC 的用户存储器中，并检查键入的程序是否正确。

(6) 对程序进行调试和修改，直到满足要求为止。

(7) 待控制台(柜)及现场施工完成后，就可以进行联机调试。如不满足要求，则需再修改程序或检查接线，直到满足要求为止。

(8) 编制技术文件。

9.2.3 PLC 的选型原则和方法

随着 PLC 的推广普及，PLC 产品的种类和数量越来越多，而且功能也日趋完善。近年来，从美国、日本、德国等国引进的 PLC 产品，加上国内厂家组装或自行开发的 PLC 产品已有几十个系列，上百种型号。PLC 的品种繁多，其结构形式、性能、容量、指令系统、编程方法、价格等各有不同，适用场合也各有侧重。因此，合理选择 PLC，对于提高 PLC 控制系统的技术经济指标起着重要的作用。PLC 的选择应包括机型的选择、容量的选择、I/O 模块的选择、电源模块的选择等几个方面。

1. 机型的选择

机型选择的基本原则应是在功能满足要求的前提下，保证可靠、维护使用方面以及最佳的性能价格比。具体应考虑以下几方面：

(1) 结构合理。对于工艺过程比较固定、环境条件较好(维修量较小)的场合，选用整体式结构 PLC，其他情况则选用模块式结构 PLC。

(2) 功能、规模相当。对于开关量控制的工程项目，对其控制速度无需考虑，一般的低档机就能满足要求。对于以开关量控制为主，带少量模拟量控制的工程项目，可选用带 A/D 或 D/A 转换、加减运算、数据传送功能的低档机。对于控制比较复杂，控制功能要求更高的工程项目，例如要求实现 PID 运算、闭环控制、通信联网等，可视控制规模及复杂的程度，选用中档或高档机。其中高档机主要用于大规模过程控制、全 PLC 的分布式控制系统以及整个工厂的自动化等。

(3) 机型统一。一个大型企业应尽量做到机型统一。因为同一机型的 PLC，其模块可以互换，便于备用品、备件的采购和管理；其功能及编程方法统一，有利于技术力量的培训、技术水平的提高和功能的开发；其外部设备通用，资源可共享，配以上位计算机后，可把控制各独立系统的多台 PLC 连成一个多级分布式控制系统，相互通信，集中管理。

(4) 是否在线编程。PLC 的特点之一是使用灵活。当被控设备的工艺过程改变时，只需要用编程器重新修改程序，就能满足新的控制要求，给生产带来很大方便。

PLC 的编程分为离线编程和在线编程两种。

离线编程的 PLC 的特点是主机和编程器共用一个 CPU，在编程器上有一个"编程/运行"

选择开关或按键。选择编程状态时，CPU 将失去对现场的控制，只为编程器服务，就是所谓的"离线"编程。程序编好后，如选择运行状态，CPU 则去执行程序而失去对现场的控制。这时，CPU 对编程指令将不作出响应。由于此类 PLC 的编程器和主机共用一个 CPU，因此节省了大量的硬件和软件，编程器的价格也比较便宜。中、小型 PLC 多采用离线编程。

在线编程的 PLC 的特点是主机和编程器各有一个 CPU，编程器的 CPU 可以随时处理由键盘输入的各种编程指令。主机的 CPU 则是完成对现场的控制，并在一个扫描周期的末尾和编程器通信，编程器把编好或改好的程序发送给主机，在下一个扫描周期主机将按照新送入的程序控制现场，这就是所谓的"在线"编程。此类 PLC 由于增加了硬件和软件，因此价格高，但应用领域较宽。大型 PLC 多采用在线编程。

是否在线编程，应根据被控设备工艺要求的不同来选择。对于产品定型的设备和工艺不常变动的设备，应选用离线编程的 PLC；反之，可考虑选用在线编程。

2. 容量的选择

PLC 的容量包括用户存储器的存储容量(字数)和 I/O 点数两方面的含义。

PLC 容量的选择除满足控制要求外，还应留有适当的裕量以作备用。

通常，一条逻辑指令占存储器一个字，计时、计数、移位以及算术运算、数据传送等指令占存储器两个字。各种指令占存储器的字数可查阅 PLC 产品使用手册。

在选择存储容量时，一般可按实际需要的 25%考虑裕量。

I/O 点数也应留有适当裕量。但是，目前 PLC 的 I/O 点的价格还较高，平均每点为 100～120 元人民币。如果备用的 I/O 点的数量太多，就会使成本增加，因此，通常 I/O 点数可按实际需要的 10%～15%考虑裕量。

3. 指令系统的选择

由于可编程控制器应用的广泛性，因此各种机型所具备的指令系统也就不完全相同。从工程应用角度看，有些场合仅需要逻辑运算，有些场合需要复杂的算术运算，而且一些特殊场合还需要专用指令功能。从可编程控制器本身来看，各个厂家的指令差异较大，但从整体上来说，指令系统都是面向工程技术人员的语言，其差异主要表现在指令的表达方式和指令的完整性上。有些厂家在控制指令方面开发得较全，有些厂家在数字运算指令方面开发得较全，而大多数厂家在逻辑指令方面开发得较完善。在选择机型时，从指令系统方面应注意下述内容：

(1) 指令系统的总语句数。这一点反映了整个指令所包括的全部功能。

(2) 指令系统的种类，主要应包括逻辑指令、运算指令和控制指令，具体的需求则与实际要完成的控制功能有关。

(3) 指令系统的表达方式。指令系统的表达方式有多种，有的包括梯形图、控制系统流程图、语句表、顺控图、高级语言等多种表达方式；有的只包括其中一种或两种表达方式。

(4) 应用软件的程序结构。程序结构有模块化的程序结构和子程序式的程序结构。前一种有利于应用软件的编写和调试，但处理速度慢；后一种响应速度快，但不利于应用软件的编写和现场调试。

(5) 软件开发手段。在考虑指令系统这一性能时，还要考虑到软件的开发手段。有的厂家在此基础上还开发了专用软件，可利用通用的微型机(例如 IBM PC)作为开发手段，这样就更加方便了用户的需要。

4. I/O 模块的选择

I/O 部分的价格占 PLC 价格的一半以上。不同的 I/O 模块，由于其电路和性能的不同，直接影响着 PLC 的应用范围和价格，因此应该根据实际情况合理选择。

1) 输入模块的选择

输入模块的作用是接收现场的输入信号，并将输入的高电平信号转换为 PLC 内部的低电平信号。输入模块的种类，按电压分类有直流 5 V、12 V、24 V、48 V、60 V，交流 115 V、220 V；按电路形式的不同分为汇点输入式和分隔输入式两种。

选择输入模块时应注意以下几点：

(1) 电压的选择。应根据现场设备与模块之间的距离来考虑。一般 5 V、12 V、24 V 属低电压，其传输距离不宜太远，如 5 V 模块最远不得超过 10 m。距离较远的设备应选用较高电压的模块。

(2) 同时接通的点数。高密度的输入模块(32 点、64 点)同时接通的点数取决于输入电压和环境温度。一般来讲，同时接通的点数不要超过输入点数的 60%。

(3) 门槛电平。为了提高控制系统的可靠性，必须考虑门槛电平的大小。门槛电平越高，抗干扰能力越强，传输距离也就越远。表 9-1 列出了 24 V(DC)和 220 V(AC)两种电压三个厂家的输入模块的参数。

表 9-1　输入模块的参数比较

生产厂家	电压	模块型号	接通电平	关门电平	门槛电平
MODICON	24 V(DC)	D827-032(32 点)	≥18 V	≤6 V	12 V
984 系列	220 V(AC)	D809-016(16 点)	≥160 V	≤90 V	70 V
SIEMENS	24 V(DC)	420-7LA11(32 点)	≥13 V	≤5 V	8 V
S5 系列	220 V(AC)	436-7LA11(16 点)	≥170 V	≤70 V	100 V
MITSUBISHI	24 V(DC)	AX41(32 点)	≥9 V	≤6 V	3 V
A 系列	220 V(AC)	AX20(16 点)	≥160 V	≤70 V	90 V

2) 输出模块的选择

输出模块的作用是将 PLC 的输出信号传递给外部负载，并将 PLC 内部的低电平信号转换为外部所需电平的输出信号。输出模块按输出方式的不同分为继电器输出、晶体管输出及双向可控硅输出三种。此外，输出电压和输出电流也各有不同。

选择输出模块时应注意以下几点：

(1) 输出方式的选择。继电器输出的价格便宜，适用电压范围较宽，导通压降小。但它是原有触点元件，其动作速度较慢、寿命较短，因此适用于不频繁通断的负载。当驱动感性负载时，其最大通断频率不得超过 1 Hz。

对于频繁通断的低功率因数的电感负载，应采用无触点开关元件，即选用晶体管输出(直流输出)或双向可控硅输出(交流输出)。

(2) 输出电流。输出模块的输出电流必须大于负载电流的额定值。模块输出电流的规格很多，应根据实际负载电流的大小选择模块的输出电流。

(3) 同时接通的点数。输出模块同时接通点数的电流累计值必须小于公共端所允许通过的电流值。例如一个 220 V/2 A 的 8 点输出模块，每个点当然可以通过 2 A 的电流，但输出公共端允许通过的电流不可能是 2A × 8 = 16 A，通常要比这个值小得多。因此在选择输出模块时还应考虑同时接通的点数。一般来讲，同时接通的点数不要超过输出点数的 60%。

5. 电源模块的选择

电源模块的选择很简单，只需考虑输出电流。电源模块的额定输出电流必须大于 CPU 模块、I/O 模块、专用模块等消耗电流的总和，并留有一定的裕量。

在选择电源模块时一般应考虑以下几点：

(1) 电源模块的输入电压。电源模块可以包括各种各样的输入电压，有 220 V 交流、110 V 交流和 24 V 直流等，在实际应用中要根据具体情况选择。确定了输入电压后，也就确定了系统供电电源的输出电压。

(2) 电源模块的输出功率。在选择电源模块时，其额定输出功率必须大于 CPU 模块、所有 I/O 模块、各种智能模块等总的消耗功率之和，并且要留有 30% 左右的裕量。当同一电源模块既要为主机单元又要为扩展单元供电时，从主机单元到最远一个扩展单元的线路压降必须小于 0.25 V。

(3) 扩展单元中的电源模块。在有的系统中，由于扩展单元中安装有智能模块及一些特殊模块，就要求在扩展单元中安装相应的电源模块。这时相应的电源模块输出功率可按各自的供电范围计算。

(4) 电源模块接线。选定了电源模块后，还要确定电源模块的接线端子和连接方式，以便正确进行系统供电的设计。一般的电源模块的输入电压是通过接线端子与供电电源相连的，而输出信号通过总线插座与可编程控制器 CPU 的总线相连。

(5) 系统的接地。电源模块的接地线选择不小于 10 mm^2 的铜导线，并与交流稳压器、UPS 不间断电源、隔离变压器等及系统的接地之连线尽可能短；系统的地线也要和机壳相连。

6. 使用环境条件

在选择 PLC 时，要考虑使用现场的环境条件是否符合它的规定。一般要考虑的有环境温度、相对湿度、电源允许波动范围和抗干扰等指标。

9.2.4　PLC 应用程序的基本设计方法

1. 经验设计法

经验设计法是利用各种典型的控制环节和基本单元电路，依靠经验进行选择、组合，直接设计电气控制系统，来满足生产机械和工艺过程的控制要求。用这种方法对比较简单的电气控制系统进行设计，可以达到简便、快速的效果。但是，由于主要依赖经验进行设计，因而要求设计者要具有较丰富的经验，要能熟悉、掌握大量的控制系统的实例和各种典型环节。设计的结果不是唯一的，也不很规范，而且往往需经多次反复修改和完善才能符合设计要求。用经验设计法设计 PLC 应用的电控系统程序与其他方法一样，首先必须详细了解机械及工艺的控制要求，包括机械的工作循环图、电气执行元件的执行顺序等。

用经验设计法设计 PLC 应用程序可以大致按以下几个步骤进行：分析控制要求、选择控制原则；设置主令元件和检测元件；确定输入、输出信号；设计执行元件的控制程序；检查、修改和完善程序。

在设计执行元件的控制程序时，一般又可分为以下几个步骤：

(1) 按所给的要求，将生产机械的运动分成各自独立的简单运动，分别设计这些简单运动的基本控制程序。

(2) 按各运动之间应有的制约关系来设置联锁措施，选择联锁触点，设计联锁程序。这一条是电控系统能否成功及可靠、正确运行的关键，必须仔细进行。

(3) 按照维持运动(或状态)的进行和转换的需要，选择控制原则，设置主令元件、检测元件以及继电器等。

(4) 设置必要的保护措施。

2. 应用程序的逻辑设计方法

逻辑设计方法的基本含义是以逻辑组合的方法和形式设计电控系统。这种设计方法既有严密可循的规律性、明确可行的设计步骤，又具有简便、直观和十分规范的特点。它可以使电控系统的设计从捉摸不定的、主要依赖于经验和尝试的复杂过程中解脱出来，提高设计效率而又易于学习和掌握。

1) 逻辑代数与电气控制线路

(1) 电气控制线路的本质——逻辑线路。

考察任何一个电控线路都会发现，回路的接通或断开，都是通过继电器等电气元件的触点来实现的，故控制电路的种种功能必定取决于这些触点的开、合两种状态，而由它们组成的电路也是非通即断的双态系统。因此，电控线路从本质上说是一种逻辑线路，它符合逻辑运算的各种基本规律。由于 PLC 是一种工业控制计算机，计算机的理论基础正是建立在逻辑代数的基础上的，它的硬件无非是"与"、"或"、"非"三种逻辑电路的组合。特别是 PLC 程序的结构和形式，无论是语句表程序还是梯形图程序，都直接或间接地采用逻辑组合的形式，它们的工作方式及其规律也完全符合逻辑运算的基本规律。因此，用变量及其函数只有"0"、"1"两种取值的逻辑代数作为研究电气控制线路和 PLC 应用程序的工具就是很自然的了。

(2) 基本逻辑运算和逻辑函数的线路结构。

逻辑代数的三种基本运算"与"、"或"、"非"都有着非常明确的物理意义，因此，当一个逻辑函数用逻辑变量的基本运算式表现出来以后，实现这个逻辑函数的线路也就是确定的和十分方便的了。特别是，用逻辑函数式表达的线路结构与 PLC 的指令语句表程序完全一致，可以直接转化，甚至不用梯形图程序来进行过渡。

2) 用逻辑设计法设计 PLC 应用程序的步骤

(1) 明确控制任务和控制要求。通过分析机械装置、工艺过程和控制要求，取得工作循环图和检测元件分布图以及执行元件动作节拍表。

(2) 绘制电控系统的状态转换表。

(3) 进行系统的逻辑设计。

(4) 编制 PLC 程序。

(5) 程序的完善和补充。

3. 利用状态流程图设计应用程序

1) 状态流程图

状态流程图又叫状态转移图，它是完整地描述控制系统的工作过程、功能和特性的一种图形，是分析和设计电控系统控制程序的重要工具。所谓"状态"，是具有特定功能的状态的流程或转换，实际上也就是电控系统的功能的流程或转换。机械的自动工作循环过程就是电控系统的状态自动地、有顺序地逐步转换的过程。状态流程图也叫功能流程图，由状态、转换、转换条件和动作、命令组成。

2) 利用状态流程图进行 PLC 程序设计

(1) 按照机械运动或工艺过程的工作内容、步骤、顺序和控制要求画出状态流程图。

(2) 在状态流程图上以 PLC 输入点或其他元件定义状态转换条件。当某转换条件的实际内容不止一个时，每个具体内容定义一个 PLC 元件编号，并以逻辑组合形式表现为有效转换条件。

(3) 按照机械或工艺提供的电气执行元件功能表，在状态流程图上对每个状态和动作命令配画上实现该状态或动作命令的控制功能的电气执行元件，并以对应的 PLC 输出点的编号定义这些电气执行元件。

4. 利用移位寄存器设计应用程序

利用移位寄存器进行步进顺序控制程序的设计更为简便，同时设计的通用性也更强。这种设计方法主要是利用移位寄存器来充当电控系统的状态转换控制器，设计成单数据顺序循环移位，实现单步步进式的顺序控制。通过分析电控系统的输入信号状态，可以得到系统的状态转换主令信号组，这是设计步进顺序控制程序的关键。同样，使用移位寄存器进行设计也是利用这一结果。

5. 用步进指令设计应用程序

很多 PLC 生产厂家都专门设计了用于编制步进顺序控制程序的指令。这些指令实际上是把使用普通指令或移位寄存器指令编制步进顺序控制程序的状态转换控制过程规范化，预先存放在 PLC 的系统程序区里，在使用时仅以指令的形式出现。这样就使得步进顺序控制程序的设计编制大为简化，程序也更加规范、简洁、可靠。

用步进指令设计 PLC 程序，通常是利用状态流程图，而且设计的程序与状态流程图有严格而明确的对应关系。设计时，首先要按工艺及控制要求画出系统的状态流程图，用状态寄存器对各状态命名，标出与各状态对应的执行元件的 PLC 输出编号和各转换条件的 PLC 输入编号。然后，就可以利用步进指令编程。

9.2.5 节省 PLC I/O 点数的方法

为了提高 PLC 系统的可靠性，并减少 PLC 控制系统的造价，在设计 PLC 控制系统或对老设备进行改造时，往往会遇到输入点数不够或输出点数不够而需要扩展的问题，当然可以通过增加 I/O 扩展单元或 I/O 模板来解决，但 PLC 的每一 I/O 点的平均价格达数十元，如果不是需要增加很多的点，我们可以对输入信号或输出信号进行一定的处理，节省一些

PLC 的 I/O 点数，使问题得到解决。下面介绍几种常用的减少 PLC 输入和输出点数的方法。

1. 节省 PLC 输入点数的方法

节省 PLC 输入点数的方法有以下几个：

(1) 分时分组输入。自动程序和手动程序不会同时执行，自动和手动这两种工作方式分别使用的输入量可以分成两组输入(如图 9-5 所示)。I1.0 用来输入自动/手动命令信号，供自动程序和手动程序切换用。图 9-5 中的二极管用来切断寄生电路。假设图中没有二极管，系统处于自动状态，S1、S2、S3 闭合，S4 断开，这时电流从 L+ 端流出，经 S3、S1、S2 形成的寄生回路流入 I0.1 端，使输入位 I0.1 错误地变为 ON。各开关串联了二极管后，切断了寄生回路，避免了错误输入的产生。

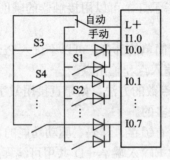

图 9-5　分时分组输入

(2) 输入触点的合并。如果某些外部输入信号总是以某种"与或非"组合的整体形式出现在梯形图中，则可以将它们对应的触点在可编程控制器外部串、并联后作为一个整体输入可编程控制器，只占可编程控制器的一个输入点。例如，某负载可在多处启动和停止，可以将三个启动信号并联，将三个停止信号串联，分别送给可编程控制器的两个输入点(如图 9-6 所示)。与每一个启动信号和停止信号占用一个输入点的方法相比，不仅节约了输入点，还简化了梯形图电路。

(3) 将信号设置在可编程控制器之外。系统的某些输入信号，如手动操作按钮、保护动作后需手动复位的电动机热继电器 FR 的常闭触点提供的信号，可以设置在可编程控制器外部的硬件电路中(见图 9-7)。某些手动按钮需要串接一些安全联锁触点，如果外部硬件联锁电路过于复杂，则应考虑仍将有关信号送入可编程控制器，用梯形图实现联锁。

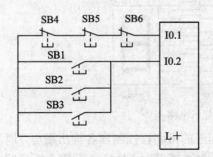

图 9-6　输入触点的合并

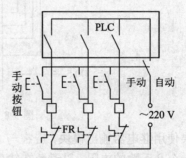

图 9-7　将信号设置在 PLC 之外

以上是一些常见的减少 PLC 输入点数的方法。PLC 的软件功能很强，如果应用 PLC 的功能指令，还可以设计出多种减少输入点数的方法，这里就不再介绍了。

2. 节省 PLC 输出点数的方法

节省 PLC 输出点数的方法有以下几个：

(1) 在 PLC 的输出功率允许的条件下，通/断状态完全相同的多个负载并联后，可以共用一个输出点，通过外部的或 PLC 控制的转换开关的切换，一个输出点可以控制两个或多个不同时工作的负载。与外部元件的触点配合，可以用一个输出点控制两个或多个有不同要求的负载。用一个输出点控制指示灯常亮或闪烁，可以显示两种不同的信息。

在需要用指示灯显示 PLC 驱动的负载(如接触器线圈)状态时，可以将指示灯与负载并联，并联时指示灯与负载的额定电压应相同，总电流不应超过允许的值。可选用电流小、工作可靠的 LED(发光二极管)指示灯。可以用接触器的辅助触点来实现 PLC 外部的硬件联锁。

系统中某些相对独立或比较简单的部分，可以不进入 PLC，直接用继电器电路来控制，这样同时减少了所需的 PLC 的输入点和输出点。

(2) 减少数字显示所需输出点数的方法。如果直接用数字量输出点来控制多位 LED 七段显示器，则所需的输出点是很多的。

在图 9-8 所示电路中，用具有锁存、译码、驱动功能的芯片 CD4513 驱动共阴极 LED 七段显示器，两只 CD4513 的数据输入端 A～D 共用可编程控制器的 4 个输出端，其中 A 为最低位，D 为最高位。LE 是锁存使能输入端，在 LE 信号的上升沿将数据输入端输入的 BCD 数锁存在片内的寄存器中，并将该数译码后显示出来。如果输入的不是十进制数，则显示器熄灭。LE 为高电平时，显示的数不受数据输入信号的影响。显然，N 个显示器占用的输出点数为 4+N。

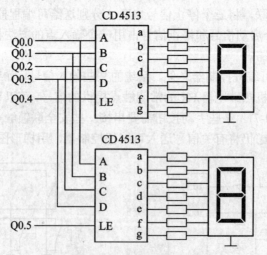

图 9-8 PLC 数字显示电路

如果使用继电器输出模块，应在与 CD4513 相连的可编程控制器各输出端与"地"之间分别接一个几千欧的电阻，以避免在输出继电器的触点断开时 CD4513 的输入端悬空。输出继电器的状态变化时，其触点可能抖动，因此应先送数据输出信号，待该信号稳定后，再用 LE 信号的上升沿将数据锁存进 CD4513。

如果需要显示和输入的数据较多，则可以考虑使用 TD200 文本显示器或其他操作员面板。

9.2.6　PLC 控制系统的抗干扰措施

随着科学技术的发展，PLC 在工业控制中的应用越来越广泛。PLC 控制系统的可靠性直接影响到工业企业的安全生产和经济运行，系统的抗干扰能力是关系到整个系统可靠运行的关键。自动化系统中所使用的各种类型 PLC，有的是集中安装在控制室，有的是安装在生产现场和各电机设备上，它们大多处在强电电路和强电设备所形成的恶劣电磁环境中。要提高 PLC 控制系统的可靠性，一方面要求 PLC 生产厂家提高设备的抗干扰能力；另一方面要求工程设计、安装施工和使用维护中引起高度重视，多方配合才能完善解决问题，有效地增强系统的抗干扰性能。

1. 系统工作环境

1) 温度

PLC 要求环境温度在 0～55℃。安装时要保证 PLC 四周通风散热的空间足够大。开关柜上、下部应有通风的百叶窗。

2) 湿度

为了保证 PLC 的绝缘性能，空气的相对湿度一般应小于 85%(无凝露)。

3) 振动

应使 PLC 远离强烈的振动源。可以用减振橡胶来减轻柜内或柜外产生的振动的影响。

4) 空气

为了隔离空气中较浓的粉尘、腐蚀性气体和盐雾，在温度允许时可以将 PLC 封闭，或者将 PLC 安装在密闭性较好的控制室内，并安装空气净化装置。

5) 电源

电源是干扰进入 PLC 的主要途径之一。在干扰较强或可靠性要求很高的场合，可以加接带屏蔽层的隔离变压器，还可以串接 LC 滤波电路。

动力部分、控制部分、PLC、I/O 电源应分别配线。隔离变压器与 PLC 和与 I/O 电源之间应采用双绞线连接。系统的动力线应足够粗，以降低大容量异步电动机启动时的线路压降。外部输入电路用的外接直流电源最好是稳压电源，因为仅将交流电压整流滤波的电源含有较强的纹波，可能使 PLC 接收错误的信息。

2. 输入/输出配线

当控制触点断开时，电路中的感性负载会产生高于电源电压数倍或数十倍的反电动势，触点吸合时，会因触点抖动而产生电弧，从而对系统产生干扰。当输入端或输出端接有感性元件时，应在它们两端并联续流二极管(对于直流电路)或阻容电路(对于交流电路)，以抑制电路断开时产生的电弧对 PLC 的影响，如图 9-9 所示。电阻可以取 51～120 Ω，电容可以取 0.1～0.47 μF，电容的额定电压应大于电源峰值电压，续流二极管可以选 1 A 的管子，其额定电压应大于电源电压的 3 倍。

如果输入信号由晶体管提供，其截止电阻应大于 10 kΩ，导通电阻应小于 800 Ω。

当接近开关、光电开关这一类两线式传感器的漏电流较大时，可能出现错误的输入信号。可以在输入端并联旁路电阻，以减小输入电阻，如图 9-10 所示。旁路电阻的阻值 R 由下式确定：

$$\frac{R(\frac{U_N}{I_N})I}{R+(\frac{U_N}{I_N})} \leqslant U_L$$

式中：I 为传感器漏电流；U_N、I_N 分别为 PLC 的额定输入电压和额定电流；U_L 为 PLC 输入电压低电平上限值。

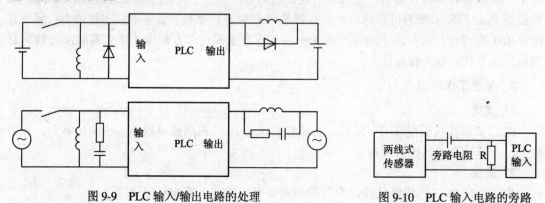

图 9-9　PLC 输入/输出电路的处理　　　　　图 9-10　PLC 输入电路的旁路

3. 系统接地设计

在实际控制系统中，接地是抑制干扰、使系统可靠工作的主要方法。在设计中如能把接地和屏蔽正确地结合起来使用，则可以解决大部分干扰问题。

1) 正确的接地方法

接地设计有两个基本目的：消除各路电流流经公共地线阻抗所产生的噪声电压，避免磁场与电位差的影响，使其不形成地环路。如果接地方式不好就会形成环路，造成噪声耦合。

正确接地是重要而复杂的问题。理想的情况是一个系统的所有接地点与大地之间的阻抗为零，但这是难以做到的。在实际接地中总存在着连接阻抗和分散电容，所以如果地线不佳或接地点不当，都会影响接地质量。为保证接地质量，在一般接地过程中要求：接地电阻一般应小于 4 Ω；要保证足够的机械强度；要具有耐腐蚀及防腐处理；在整个工厂中，可编程控制器组成的控制系统要单独设计接地。

2) 不同接地的处理

除了正确进行接地设计、安装外，还要正确处理各种不同的接地方式。在可编程控制器组成的控制系统中，大致有以下几种地线。

数字地：这种地也叫逻辑地，是各种开关量(数字量)信号的零电位。

模拟地：这种地是各种模拟量信号的零电位。

信号地：这种地通常是指传感器的地。

交流地：交流供电电源的地线，这种地通常是产生噪声的地。

直流地：直流供电电源的地。

屏蔽地(也叫机壳地)：为防止静电感应而设的地。

以上这些地线如何处理是可编程控制器系统设计、安装、调试中的一个重要问题。下面就讨论这些问题，并提出不同的处理方法。

(1) 一点接地和多点接地。一般情况下，高频电路应就近多点接地，低频电路应一点接地。在低频电路中，布线和元件间的电感并不是大问题，然而接地形成的环路对电路的干扰影响很大，因此通常以一点作为接地点。但一点接地不适用于高频，因为高频时，地线上具有电感因而增加了地线阻抗，调试各地线之间又产生电感耦合。一般来说，频率在 1 MHz 以下，可用一点接地；高于 10 MHz 时，采用多点接地；在 1～10 MHz 之间可用一点接地，也可用多点接地。根据这一原则，可编程控制器组成的控制系统一般都采用一点接地。

(2) 交流地与信号地不能共用。由于在一般电源地线的两点间会有数毫伏甚至几伏电压，对低电平信号电路来说，这是一个非常严重的干扰，因此必须加以隔截和防止。

(3) 浮地与接地的比较。全机浮空即系统各个部分与大地浮置起来。这种方法简单，但整个系统与大地的绝缘电阻不能小于 500 MΩ。这种方法具有一定的抗干扰能力，但一旦绝缘下降就会带来干扰。还有一种方法就是机壳接地，其余部分浮空。这种方法的抗干扰能力强，安全可靠，但实现起来比较复杂。由此可见，可编程控制器系统还是以接大地为好。

(4) 模拟地的处理。模拟地的接法十分重要，为了提高抗共模干扰能力，对于模拟信号可采用屏蔽浮地技术。对于具体的可编程控制器模拟量信号的处理要严格按照操作手册上的要求设计。

(5) 屏蔽地的处理。在控制系统中，为了减少信号中的电容耦合噪声以便准确检测和控制，对信号采用屏蔽措施是十分必要的。根据屏蔽目的的不同，屏蔽地的接法也不一样。电场屏蔽解决分布电容问题，一般接大地。因为电场屏蔽主要为避免雷达、电台这种高频电磁场辐射干扰，利用低阻高导流材料制成，可接大地。磁气屏蔽是为了防止磁铁、电机、变压器、线圈等的磁感应、磁耦合，其屏蔽方法是用高导磁材料使磁路闭合，一般接大地为好。

当信号电路是一点接地时，低频电缆的屏蔽层也应一点接地。如果电缆的屏蔽层接地点有一个以上时，会产生噪声电流，形成噪声干扰源。当一个电路有一个不接地的信号源与系统中接地的放大器相连时，输入端的屏蔽应接至放大器的公共端；相反，当接地的信号源与系统中不接地的放大器相连时，放大器的输入端也应接到信号源的公共端。

良好的接地是 PLC 安全可靠运行的重要条件，PLC 应与其他设备分别使用自己的接地装置，如图 9-11(a)所示；也可以采用公共接地方式，如图 9-11(b)所示。但是禁止使用图 9-11(c)所示的串联接地方式，因为这种接地方式会产生各设备之间的电位差，接地线的截面积应大于 2 mm²，接地点应尽量靠近 PLC。

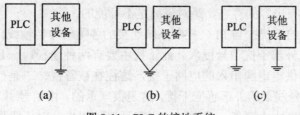

图 9-11　PLC 的接地系统

实践表明，系统中 PLC 之外的部分(特别是机械限位开关)的故障率往往比 PLC 本身的故障率还高，因此在设计时应采取相应的措施，如选用可靠性高的接近开关代替机械限位开关。

4. 电磁干扰源及对系统的干扰

1) 干扰源及干扰的一般分类

影响 PLC 控制系统的干扰源与一般影响工业控制设备的干扰源一样，大都产生在电流或电压剧烈变化的部位，这些电荷剧烈移动的部位就是噪声源，即干扰源。

干扰类型通常按干扰产生的原因、噪声干扰模式和噪声波形性质的不同来划分。其中：按噪声产生的原因的不同，可分为放电噪声、浪涌噪声、高频振荡噪声等；按噪声的波形、性质的不同，可分为持续噪声、偶发噪声等；按噪声干扰模式的不同，可分为共模干扰和差模干扰。共模干扰和差模干扰是一种比较常用的分类方法。共模干扰是信号对地的电位差，主要由电网串入、地电位差及空间电磁辐射在信号线上感应的共态(同方向)电压叠加所形成。共模电压有时较大，特别是采用隔离性能差的配电器供电室。变送器输出信号的共模电压普遍较高，有的可高达 130 V 以上。共模电压通过不对称电路可转换成差模电压，直接影响测控信号，造成元器件损坏(这就是一些系统 I/O 模件损坏率较高的主要原因)，这种共模干扰可为直流，也可为交流。差模干扰是指作用于信号两极间的干扰电压，主要是由空间电磁场在信号间耦合感应及由不平衡电路转换共模干扰所形成的电压，它直接叠加在信号上，影响测量与控制精度。

2) PLC 控制系统中电磁干扰的主要来源

(1) 来自空间的辐射干扰。空间的辐射电磁场(EMI)主要是由电力网络、电气设备的暂态过程、雷电、无线电广播、电视、雷达、高频感应加热设备等产生的，通常称为辐射干扰，其分布极为复杂。若 PLC 系统置于所射频场内，就会受到辐射干扰，其影响主要通过两条路径：一是直接对 PLC 内部的辐射，由电路感应产生干扰；二是对 PLC 通信内网络的辐射，由通信线路的感应引入干扰。辐射干扰与现场设备布置及设备所产生的电磁场大小，特别是频率有关，一般通过设置屏蔽电缆和 PLC 局部屏蔽及高压泄放元件进行保护。

(2) 来自系统外引线的干扰。来自系统外引线的干扰主要通过电源和信号线引入，通常称之为传导干扰。这种干扰在我国工业现场较严重。

来自电源的干扰：实践证明，因电源引入的干扰造成 PLC 控制系统故障的情况很多。PLC 系统的正常供电电源均由电网供电。由于电网覆盖范围广，它将受到所有空间的电磁干扰而在线路上感应电压和电路。尤其是电网内部的变化，开关操作浪涌、大型电力设备启停、交直流传动装置引起的谐波、电网短路暂态冲击等，都通过输电线路传到电源原边。PLC 电源通常采用隔离电源，但其机构及制造工艺因素使其隔离性并不理想。实际上，由于分布参数特别是分布电容的存在，绝对隔离是不可能的。

来自信号线引入的干扰：与 PLC 控制系统连接的各类信号传输线，除了传输有效的各类信息之外，总会有外部干扰信号侵入。此干扰主要有两种途径：一是通过变送器供电电源或共用信号仪表的供电电源串入的电网干扰，这往往被忽视；二是信号线受空间电磁辐射感应的干扰，即信号线上的外部感应干扰，这是很严重的。由信号引入干扰会引起 I/O 信号工作异常和测量精度大大降低，严重时将引起元器件损伤。对于隔离性能差的系统，还将导致信号间的互相干扰，引起共地系统总线回流，造成逻辑数据变化、误动作和死机。PLC控制系统因信号引入干扰造成I/O模件损坏数相当严重，由此引起系统故障的情况也很多。

来自接地系统混乱时的干扰：接地是提高电子设备电磁兼容性(EMC)的有效手段之一。正确的接地，既能抑制电磁干扰的影响，又能抑制设备向外发出干扰；而错误的接地，反而会引入严重的干扰信号，使PLC系统无法正常工作。

PLC控制系统的地线包括系统地、屏蔽地、交流地和保护地等。接地系统混乱对PLC系统的干扰主要是各个接地点电位分布不均，不同接地点间存在地电位差，引起地环路电流，影响系统正常工作。例如电缆屏蔽层必须一点接地，如果电缆屏蔽层两端A、B都接地，就会存在地电位差，有电流流过屏蔽层，当发生异常状态如雷击时，地线电流将更大。此外，屏蔽层、接地线和大地有可能构成闭合环路，在变化磁场的作用下，屏蔽层内又会出现感应电流，通过屏蔽层与芯线之间的耦合，干扰信号回路。若系统地与其他接地处理混乱，所产生的地环流就可能在地线上产生不等电位分布，影响PLC内逻辑电路和模拟电路的正常工作。PLC工作的逻辑电压干扰容限较低。逻辑地电位的分布干扰容易影响PLC的逻辑运算和数据存储，造成数据混乱、程序跑飞或死机。模拟地电位的分布将导致测量精度下降，引起对信号测控的严重失真和误动作。

(3) 来自PLC系统内部的干扰。来自PLC系统内部的干扰主要由系统内部元器件及电路间的相互电磁辐射产生，如逻辑电路相互辐射及其对模拟电路的影响，模拟地与逻辑地的相互影响及元器件间的相互不匹配使用等。这都属于PLC制造厂对系统内部进行电磁兼容设计的内容，比较复杂，作为应用部门是无法改变的，可不必过多考虑，但要选择具有较多应用实践或经过考验的系统。

5. PLC控制系统工程应用的抗干扰设计

为了保证系统在工业电磁环境中免受或减少内外电磁干扰，必须从设计阶段开始便采取三个方面的抑制措施：抑制干扰源；切断或衰减电磁干扰的传播途径；提高装置和系统的抗干扰能力。这三点就是抑制电磁干扰的基本原则。

PLC控制系统的抗干扰是一个系统工程，要求制造单位设计生产出具有较强抗干扰能力的产品，且使用部门在工程设计、安装施工和运行维护中应予以全面考虑，并结合具体情况进行综合设计，才能保证系统的电磁兼容性和运行可靠性。进行具体工程的抗干扰设计时，应主要考虑以下两个方面。

1) 设备选型

在选择设备时，首先要选择有较高抗干扰能力的产品，包括电磁兼容性(EMC)，尤其是抗外部干扰能力；其次还应了解生产厂家给出的抗干扰指标，如共模抑制比、差模抑制比、耐压能力、允许在多大电场强度和多高频率的磁场强度环境中工作；另外是靠考查它们在类似工作中的应用实绩。在选择国外进口产品时要注意：我国是采用220 V高内阻电网制式，而欧美地区是采用110 V低内阻电网。由于我国电网内阻大，零点电位漂移大，地电位变化大，工业企业现场的电磁干扰至少要比欧美地区高4倍以上，对系统抗干扰性能要求更高，因此在国外能正常工作的PLC产品在国内工业企业现场就不一定能可靠运行，这就要在采用国外产品时，按我国的标准合理选择。

2) 综合抗干扰设计

综合抗干扰设计时应考虑来自系统外部的几种抑制措施，主要内容包括：对 PLC 系统及外引线进行屏蔽以防空间辐射电磁干扰；对外引线进行隔离、滤波，特别是原理动力电缆，分层布置，以防通过外引线引入传导电磁干扰；正确设计接地点和接地装置，完善接地系统。另外，还必须利用软件手段，进一步提高系统的安全可靠性。

6. 主要抗干扰措施

抗干扰的措施主要有抑制干扰源、切断或衰减干扰耦合途径、正确选择接地点和软件抗干扰措施。

1) 抑制干扰源的措施

对于 PLC 来说，电磁干扰源主要有供电电源干扰、断开感性负载时产生的脉冲干扰、晶闸管整流装置等产生的高频干扰以及静电放电干扰等。

(1) 抗供电电源干扰的措施。

① 加滤波器。主要是在电源输入端与地之间并联电容器，或在电源线中串接电感器，组成电源滤波器或电感滤波器。其中，电容滤波器比较常见，为了获得比较好的效果，可采用 LC 混合滤波。

② 加隔离变压器。隔离变压器具有较好的隔离作用，可用来减少分布电容，切断噪声。

③ 加浪涌吸收装置。如图 9-12 所示，在使用浪涌吸收器时应当注意，浪涌吸收器的耐压值应该在 PLC 标准规定的范围内。

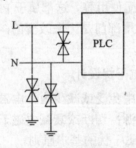

图 9-12　加浪涌吸收装置

(2) 抗断开感性负载时产生的脉冲干扰的措施。

① 对于继电器输出型 PLC，当负载为感性负载(如继电器、电磁阀等)时，若负载电源为直流，则可通过在负载两端并联续流二极管、RC 串联支路、二极管加 RC 环节、电阻或二极管加稳压管的方法抑制噪声；若负载电源为交流，则可在负载两端并联 RC 串联支路、压敏电阻、可变电阻、两个对接的稳压管等。

② 对于晶体管输出型 PLC，当负载为感性负载时，可通过在负载两端并联续流二极管或二极管加稳压管的方法抑制负载断开时的脉冲干扰。

③ 对于双向晶闸管输出型 PLC，当负载为感性负载时，可在负载两端并联 RC 滤波支路、两个对接的稳压管等。

(3) 抗晶闸管整流装置等产生的高频干扰的措施。

晶闸管换相时会产生相对宽而深的缺口，对电网电压产生干扰；整流电流中含有丰富的高次谐波，也会使电网电压波形发生严重畸变。这些都会对 PLC 的工作造成干扰，主要抑制措施如下：

① 在交流电源线间并入固定的 LC 串联谐振补偿装置，滤去高次谐波，LC 参数的配置应满足 5 次、7 次等谐振条件。这种方法的缺点是在整流装置不运行时，容性负载会引起电网电压的升高，应予以注意。

② 设置线路电抗器，抑制晶闸管换相缺口对电网电压波形的影响，线路电抗器的电感量根据负载电流的大小确定。

(4) 抗静电放电干扰的措施。

静电放电噪声是一种脉冲干扰，尽管其能量小，但宽度窄，其瞬间的能量密度极有可能造成 PLC 的误动作。其主要干扰方式为在信号线上直接放电，或对地线放电。主要抑制措施有提高电子设备表面的绝缘能力，尽量缩短信号线，采用高导磁材料覆盖信号回路等。

2) 切断或衰减干扰耦合途径的措施

切断或衰减干扰耦合的途径是 PLC 控制系统非常重要的抗干扰措施，主要有以下几种措施：

(1) 抑制公共阻抗耦合的措施。

导线的阻抗通常就是耦合阻抗，其大小与导线的敷设有很大关系时，必须预先考虑抗干扰措施。

① 尽量缩短公共阻抗部分的导线长度，减小来回线间的距离及采用直线布线方式等，用以减小导线的电感。

② 采取增大导线截面、减小接触电阻等措施减小导线的电阻。

③ 机柜接地与系统接地分开设置。

④ 采用继电器、光电耦合器、变比器等电隔离器件实现电位隔离。

(2) 抑制电容性耦合的措施。

为了抑制和避免电容性干扰，在设计 PLC 控制系统时，尽可能设计成低电阻及高信噪比系统，且其结构应尽量紧凑，彼此在空间上相互隔离。

① 为减小耦合电容，在配线时，应使导线尽量短些，并尽量避免平行走线，信号线必须与电源线分开敷设；弱电线与强电线分别安排在不同配线槽内等。

② 将耦合电容彼此电气平衡地连接，可以抵消耦合的干扰作用。

(3) 抑制电感性干扰的措施。

① 减小系统各部分之间的互感。主要措施有减小系统各单元耦合部分(主要是电线电缆)的间距，导线尽量短，避免平行走线，采用双绞线以缩小电流回路所围成的面积等。

② 对干扰对象或干扰源设置磁屏蔽，以抑制干扰电场。主要措施有静态磁屏蔽和涡流屏蔽等。静态磁屏蔽主要用于低频段，屏蔽对象用一个尽可能密闭的铁磁性外壳罩起；涡流屏蔽用在高频段，它是利用非磁性或弱磁性物质中的涡流效应对交变磁场进行屏蔽。

③ 采用结构平衡措施。如导线垂直交叉敷设，或采用双绞线结构等，使耦合的干扰信号最小，或彼此抵消。

3) 正确选择接地点的措施

接地的目的通常有两个：其一是为了安全；其二是为了抑制干扰。完善的接地系统是 PLC 控制系统抗电磁干扰的重要措施之一。

系统接地方式有浮地方式、直接接地方式和电容接地方式三种。PLC 控制系统属于高速低电平控制装置，应采用直接接地方式。由于信号电缆分布电容和输入装置滤波等的影响，装置之间的信号交换频率一般都低于 1 MHz，因此 PLC 控制系统接地线应采用一点接地和串联一点接地方式。集中布置的 PLC 系统适于并联一点接地方式，各装置的柜体中心接地点以单独的接地线引向接地极。如果装置间距较大，应采用串联一点接地方式。用一根大截面铜母线(或绝缘电缆)连接各装置的柜体中心接地点，然后将接地母线直接连接接地极。接地线采用截面大于 22 mm^2 的铜导线，总母线使用截面大于 60 mm^2 的铜排。接地极的接地电阻小于 2 Ω，接地极最好埋在距建筑物 10～15 m 远处，而且 PLC 系统接地点必须与强电设备接地点相距 10 m 以上。

信号源接地时，屏蔽层应在信号侧接地；不接地时，应在 PLC 侧接地；信号线中间有接头时，屏蔽层应牢固连接并进行绝缘处理，一定要避免多点接地；多个测点信号的屏蔽双绞线与多芯对绞电缆连接时，各屏蔽层应相互连接好，并经绝缘处理，选择适当的接地处单点接点。

4) 软件抗干扰措施

所谓软件抗干扰措施，就是通过程序设计手段来排除电磁干扰可能造成的 PLC 误动作。这里仅举两个简单的例子加以说明。

(1) 触点抖动的消除。

对于外部输入设备可能产生的触点抖动，如按钮、继电器、传感器等的输入信号，可通过延时加以消除，对一些可持续一定时间的脉冲干扰，也可以采取这种办法加以消除。

在选择时间设定位时，应使其大于触点抖动间隔时间或干扰脉冲持续时间。对于 CPM1A 来说，若用高速定时器 TIMH，则最小选定时间为 0.01 s。如果干扰持续时间较短，则为缩短系统的响应时间，可考虑利用程序扫描时间或某一段指令的执行时间来代替定时器的作用。

(2) 互锁诊断。

继电器、接触器等的动合、动断触点，不论其动作与否，总是呈互锁状态，即一对闭合，一对断开。若同时闭合或同时断开，则为故障状态，必须加以妥善处理。

在进行故障诊断时，对可以预测的干扰信号，总可以找到解决的办法。但有些干扰信号造成的故障则很难事先预知，这就要求在软件及硬件设计时，全面考虑系统的抗干扰措施，同时还要考虑到在软件控制的 PLC 系统中，由于软件和硬件的相互作用，有些故障很难判断出到底是由硬件引起的还是由软件引起的，也就是说，软件和硬件故障必须结合起来考虑。有些硬件故障可以通过软件发现并自动采取修复及补救措施。有时又用硬件来监视软件工作的正确性。把 PLC 的软、硬件结合起来处理电磁干扰问题，是 PLC 系统的优越性之一。

PLC 控制系统中的干扰是一个十分复杂的问题，因此在抗干扰设计中应综合考虑各方面的因素，合理有效地抑制抗干扰，对有些干扰情况还需做具体分析，采取对症下药的方法，才能够使 PLC 控制系统正常工作。

9.3　技 能 训 练

本模块技能训练内容为两种液体混合装置的 PLC 控制实例。

一、实训目的

(1) 熟悉 PLC 控制系统总体设计的思路。

(2) 了解 PLC 控制系统设计的基本原则和编程方法技巧。

(3) 熟练使用各条基本指令，通过对工程实例的模拟，熟练地掌握 PLC 的编程和程序调试方法。

二、液体混合装置 PLC 控制实例

详见 9.2 节的内容。

边 学 边 议

1. 简述 PLC 系统设计的基本原则。

2. 如何进行 PLC 机型选择？

3. 如果 PLC 的输入端或输出端接有感性元件，应采取什么措施来保证 PLC 的正常进行？

4. 简述 PLC 控制系统的一般设计步骤。

5. PLC 的可靠性设计包括哪些内容？

6. 简述 PLC 控制系统中的接地线及其作用。

7. 某控制系统有 8 个限位开关(SQ1～SQ8)供自控程序使用，有 6 个按钮(SB1～SB6)供手动程序使用，有 4 个限位开关(SQ9～SQ12)供自动和手动两个程序公用，有 5 个接触器线圈(KM1～KM5)。能否使用 CPU224 型的 PLC？如果能，请画出相应硬件接线图。

附录 A　FX2N 系列可编程控制器应用指令总表

分类	指令编号 FNC	指令助记符	指令格式、操作数(可用软元件)				指令名称及功能简介	D 命令	P 命令
程序流程	00	CJ	S• (指针 P0～P127)				条件跳转；程序跳转到[S•]P 指针指定处；P63 为 END 步序，不需指定		0
	01	CALL	S• (指针 P0～P127)				调用子程序；程序调用[S•]P 指针指定的子程序，嵌套 5 层以内		0
	02	SRET					子程序返回；从子程序返回主程序		
	03	IRET					中断返回主程序		
	04	EI					中断允许		
	05	DI					中断禁止		
	06	FEND					主程序结束		
	07	WDT					监视定时器；顺控指令中执行监视定时器刷新		0
	08	FOR	S• (W4)				循环开始；重复执行开始，嵌套 5 层以内		
	09	NEXT					循环结束；重复执行结束		
传送和比较	010	CMP	S1• (W4)		S2• (W4)	D• (B')	比较；[S1•]同[S2•]比较→[D•]	0	0
	011	ZCP	S1• (W4)	S2• (W4)	S• (W4)	D•(B')	区间比较；[S•]同[S1•]～[S2•]比较→[D•]，占 3 点	0	0
	012	MOV	S• (W4)		D• (W2)		传送；[S•]→[D•]	0	0

分类	指令编号 FNC	指令助记符	指令格式、操作数(可用软元件)					指令名称及功能简介	D 命令	P 命令
传送和比较	013	SMOV	S• (W4)	m1•(W4")	m2•(W4")	D• (W2)	n(W4")	移位传送;[S•]的第 m1 位开始的 m2 个数位移到[D•]的第 n 个位置, m1、m2、n=1～4	0	
	014	CML	S• (W4)		D• (W2)			取反;[S•]取反→[D•]	0	0
	015	BMOV	S• (W3')		D• (W2')		n(W4")	块传送;[S•]→[D•](n 点→n 点), [S•]包括文件寄存器;n≤512		0
	016	FMOV	S• (W4)		D• (W2')		n(W4")	多点传送;[S•]→[D•](1 点～n 点);n≤512	0	0
	017	XCH	D1• (W2)		D2• (W2)			数据交换;[D1•]←→[D2•]	0	0
	018	BCD	S• (W3)		D• (W2)			求 BCD 码;[S•]16/32 位二进制数转换成 4/8 位 BCD →[D•]	0	0
	019	BIN	S• (W3)		D• (W2)			求二进制码;[S•]4/8 位 BCD 转换成 16/32 位二进制数→[D•]	0	0
四则运算和逻辑运算	020	ADD	S1• (W4)		S2• (W4)	D• (W2)		二进制加法;[S1•]+[S2•]→[D•]	0	0
	021	SUB	S1• (W4)		S2• (W4)	D• (W2)		二进制减法;[S1•]-[S2•]→[D•]	0	0
	022	MUL	S1• (W4)		S2• (W4)	D• (W2')		二进制乘法;[S1•]×[S2•]→[D•]	0	0
	023	DIV	S1• (W4)		S2• (W4)	D• (W2')		二进制除法;[S1•]÷[S2•]→[D•]	0	0
	024	INC	D• (W2)					二进制加 1;[D•]+1→[D•]	0	0

分类	指令编号 FNC	指令助记符	指令格式、操作数(可用软元件)				指令名称及功能简介	D命令	P命令
四则运算和逻辑运算	025	DEC	D•(W2)				二进制减1; [D•]−1→[D•]	0	0
	026	AND	S1•(W4)	S2•(W4)	D•(W2)		逻辑字与;[S1•]∧[S2•]→[D•]	0	0
	027	OR	S1•(W4)	S2•(W4)	D•(W2)		逻辑字或;[S1•]∨[S2•]→[D•]	0	0
	028	XOR	S1•(W4)	S2•(W4)	D•(W2)		逻辑字异或;[S1•]⊕[S2•]→[D•]	0	0
	029	NEG	D•(W2)				求补码;D•按位取反+1→[D•]	0	0
循环移位与移位	030	ROR	D•(W2)		n(W4")		循环右移;执行条件成立,[D•]循环右移 n 位(高位→低位→高位)	0	0
	031	ROL	D•(W2)		n(W4")		循环左移;执行条件成立,[D•]循环左移 n 位(低位→高位→低位)	0	0
	032	RCR	D•(W2)		n(W4")		带进位循环右移;[D•]带进位循环右移 n 位(高位→低位→十进位→高位)	0	0
	033	RCL	D•(W2)		n(W4")		带进位循环左移;[D•]带进位循环左移 n 位(低位→高位→十进位→低位)	0	0
	034	SFTR	S•(B)	D•(B')	n1(W4")	n2(W4")	位右移;n2 位[S•]右移→n1 位的[D•],高位进,低位溢出		0
	035	SFTL	S•(B)	D•(B')	n1(W4")	n2(W4")	位左移;n2 位[S•]左移→n1 位的[D•],低位进,高位溢出		0
	036	WSFR	S•(W3')	D•(W2')	n1(W4")	n2(W4")	字右移;n2 字[S•]右移→[D•]开始的 n1 字,高字进,低字溢出		0
	037	WSFL	S•(W3')	D•(W2')	n1(W4")	n2(W4")	字左移;n2 字[S•]左移→[D•]开始的 n1 字,低字进,高字溢出		0

续表三

分类	指令编号 FNC	指令助记符	指令格式、操作数(可用软元件)			指令名称及功能简介	D命令	P命令
循环移位与移位	038	SFWR	S•(W4)	D•(W2')	n(W4")	FIFO 写入；先进先出控制的数据写入，2≤n≤512		0
	039	SFRD	S•(W2')	D•(W2')	N(W4')	FIFO 读出；先进先出控制的数据读出，2≤n≤512		0
数据处理	040	ZRST	D1•(W1'、B')	D2•(W1'、B')		成批复位；[D1•]~[D2•]复位，[D1•]<[D2•]		0
	041	DECO	S•(B、W1、W4")	D•(B'、W1)	n(W4")	解码；[S•]的n(n=1~8)位二进制数解码为十进制数 a→[D•]，使[D•]的第 a 位为"1"		0
	042	ENCO	S•(B、W1)	D•(W1)	n(W4")	编码；[S•]的2(n=1~8)位中的最高"1"位代表的位数(十进制数)编码为二进制数后→[D•]		0
	043	SUM	S•(W4)	D•(W2)		求置为 ON 的总和；[S•]中"1"数目的存入[D•]	0	0
	044	BON	S•(W4)	D•(B')	n(W4")	ON 位判断；[S•]中第 n 位为 ON 时，[D•]为 ON(n=0~15)		0
	045	MEAN	S•(W3')	D•(W2)	n(W4")	平均值；[S•]中 n 点平均值→[D•](n=1~64)		0
	046	ANS	S•(T)	M(K)	D•(S)	标志位置；若执行条件为 ON，[S•]中定时器 m ms 后，标志位[D•]置位；[D•]为 S900~S999		
	047	ANR				标志复位；被置位的定时器复位		0

续表四

分类	指令编号 FNC	指令助记符	指令格式、操作数(可用软元件)				指令名称及功能简介	D命令	P命令
数据处理	048	SOR	S• (D、W4")		D• (D)		二进制平方根；[S•]平方根值→[D•]	0	0
	049	FLT	S• (D)		D• (D)		二进制整数与二进制浮点数转换；[S•]内二进制整数→[D•]二进制浮点数	0	0
	050	REF	D• (X、Y)		n (W4")		输入/输出刷新；指令执行，[D•]立即刷新；[D•]为X000、X010、…，Y000、Y010、…，n为8，16…256		0
	051	REFF	n (W4")				滤波调整；输入滤波时间调整为n ms，刷新X000~X017，n=0~60		0
高速处理	052	MTR	S• (X)	D1• (Y)	D2• (B')	n (W4")	矩阵输入(使用一次)；n列8点数据以D1•输出的选通信号分时将[S•]数据读入[D2•]		
	053	HSCS	S1• (W4)	S2• (C)	D• (B')		比较置位(高速计数)；[S1•]=[S2•]时，D•置位，中断输出到 Y, S2•为C235~C255	0	
	054	HSCR	S1• (W4)	S2• (C)	D• (B'C)		比较复位(高速计数)；[S1•]=[S2•]时，D•复位，中断输出到 Y，[D•]为C时，自复位	0	
	055	HSZ	S1• (W4)	S2• (W4)	S• (C)	D• (B')	区间比较(高速计数)；[S •] 与 [S 1 •] ~ [S2•]比较，结果驱动[D•]	0	
	056	SPD	S1• (X0~X5)	S2• (W4)	D• (W1)		脉冲密度；存入在[S2•]时间内，将[S1•]输入的脉冲存入[D•]		

续表五

分类	指令编号 FNC	指令助记符	指令格式、操作数(可用软元件)				指令名称及功能简介	D命令	P命令
高速处理	057	PLSY	S1• (W4)	S2• (W4)	D• (Y0 或 Y1)		脉冲输出(使用一次);以[S1•]的频率从[D•]送出[S2•]个脉冲;[S1•]: 1~1000 Hz	0	
	058	PWM	S1• (W4)	S2• (W4)	D• (Y0 或 Y1)		脉宽调制(使用一次);输出周期[S2•]、脉冲宽度[S1•]的脉冲至[D•];周期为 1~32 767 ms,脉宽为 1~32 767 ms		
	059	PLSR	S1• (W4)	S2• (W4)	S3• (W4)	D• (Y0 或 Y1)	可调速脉冲输出(使用一次);[S1•]的最高频率为 10~20 000 Hz;[S2•]总输出脉冲数;[S3•]增减速时间为 5000 ms 以下;[D•]输出脉冲	0	
便利指令	060	IST	S• (X、Y、M)	D1•(S20~S899)	D2•(S20~S899)		状态初始化(使用一次);自动控制步进顺控中的状态初始化;[S•]为运行模式的初始输入;[D1•]为自动模式中的实用状态的最小号码;[D2•]为自动模式中的实用状态的最大号码		
	061	SER	S1• (W3')	S2• (C')	D• (W2')	n (W4")	查找数据;检索以[S1•]为起始的 n 个与[S2•]相同的数据,并将其个数存于[D•]	0	0
	062	ABSD	S1• (W3')	S2• (C')	D• (B')	n (W4")	绝对值式凸轮控制(使用一次);对应[S2•]计数器的当前值,输出[D•]开始的 n 点由[S1•]内数据决定的输出波形		
	063	INCD	S1• (W3')	S2• (C')	D• (B')	n (W4")	增量式凸轮顺控(使用一次);对应[S2•]计数器的当前值,输出[D•]开始的 n 点由[S1•]内数据决定的输出波形;[S2•]的第二个计数器统计复位次数		

分类	指令编号 FNC	指令助记符	指令格式、操作数(可用软元件)				指令名称及功能简介	D命令	P命令
便利指令	064	TIMR	D• (D)		n(0~2)		示数定时器；用[D•]开始的第二个数据寄存器测定执行条件 ON 的时间，乘以 n 指定的倍率存入[D•]，n 为 0~2		
	065	STMR	S• (T)	m(W4")	D• (B')		特殊定时器；m 指定的值作为[S•]指定定时器的设定值，使[D•]指定的 4 个器件构成延时断开定时器、输入 ON→OFF 后的脉冲定时器、输入 OFF→ON 后的脉冲定时器、滞后输入信号向相反方向变化的脉冲定时器		
	066	ALT	D• (B')				交替输出；每次执行条件由 OFF→ON 变化时，[D•]由 OFF→ON、ON→OFF……交替输出	0	
	067	RAMP	S1• (D)	S2• (D)	D• (B')	n(W4")	斜坡信号；[D•]的内容从[S1•]的值到[S2•]的值慢慢变化，其变化时间为 n 个扫描周期；n 为 1~32 767		
	068	ROTC	S• (D)	m1(W4")	m2(W4")	D• (B')	旋转工作台控制(使用一次)；[S]指定开始的 D 为工作台位置检测计数寄存器，其次指定的 D 为取出位置号寄存器，再次指定的 D 为要取工件号寄存器，m1 为分度区数，m2 为低速运行行程；完成上述设定，指令就自动在[D•]指定输出控制信号		

续表七

分类	指令编号 FNC	指令助记符	指令格式、操作数(可用软元件)					指令名称及功能简介	D命令	P命令
便利指令	069	SORT	S• (D)	m1 (W4″)	m2 (W4″)	D• (D)	n (W4″)	表数据排序(使用一次);[S•]为排序表的首地址,m1 为行号,m2 为列号;指令将以 n 指定的列号,将数据从小开始进行整理排列,结果存入以[D•]指定的为首地址的目标元件中,排成新的排序表;m1 为 1~32,m2 为 1~6, n 为 1~m2		
	070	TKY	S• (B)	D1• (W2')		D2• (B')		十键输入(使用一次);外部十键键号依次为 0~9, 连接于[S•], 每按一次键,其键号依次存入[D1•], [D2•]指定的位元件依次为 ON	0	
外部机器 I/O	071	HKY	S• (X)	D1• (Y)	D2• (W1)	D3• (B')		十六键输入(使用一次);以[D1•]为选通信号,顺序将[S•]按键号存入[D2•],每次按键以 BIN 码存入,超出上限 9999, 则溢出;按 A~F 键,[D3•]指定位元件依次为 ON	0	
	072	DSW	S• (X)	D1• (Y)	D2• (W1)	n (W4″)		数字开关(使用二次);四位一组(n=1)或四位二组(n=2)BCD 数字开关由[S•]输入,以[D1•]为选通信号,顺序将[S•]所键入的数字送到[D2•]		

续表八

分类	指令编号 FNC	指令助记符	指令格式、操作数(可用软元件)				指令名称及功能简介	D命令	P命令
外部机器I/O	073	SEGD	S•(W4)		D•(W2)		七段码译码；将[S•]低4位指定的0～F的数据译成七段码显示的数据格式存入[D•]，[D•]高8位不变		0
	074	SEGL	S•(W4)	D•(X)		n(W4")	带锁存七段码显示(使用两次)；四位一组(n=0～3)或四位两组(n=4～7)七段码，由[D•]的第2个四位为选通信号，顺序显示由[S•]经[D•]的第1个四位或[D•]的第3个四位输出的值		0
	075	ARWS	S•(B)	D1•(W1)	D2•(Y)	n(W4")	方向开关(使用一次)；[S•]指定位移位与各位数值增减的箭头开关，[D1•]指定的元件中存放显示的二进制数，根据[D2•]指定的第2个四位输出的选通信号，依次从[D2•]指定的第1个四位输出显示；按位移开关，顺序选择所要显示位；按数值增减开关，[D1•]数值由0～9或9～0变化；n为0～3，选择选通位		
	076	ASC	S•(字母数字)		D•(W1')		ASCII码转换；[S•]存入微机输入8个字节的字母数字；指令执行后将[S•]转换为ASCII码后送到[D•]		
	077	PR	S•(W1')		D•(Y)		ASCII码打印(使用两次)；将[S•]的ASCII码送到[D•]		

续表九

分类	指令编号 FNC	指令助记符	指令格式、操作数(可用软元件)				指令名称及功能简介	D命令	P命令
外部机器 I/O	078	FROM	m1(W4")	m2(W4")	D·(W2)	n(W4")	BFM 读出；将特殊单元缓冲存储器(BFM)的 n 点数据读到[D·]；m1=0～7，特殊单元模块号；m2=0～31，缓冲存储器(BFM)号码；n=1～32，传送点数	0	0
	079	TO	m1(W4")	m2(W4")	S·(W4)	n(W4")	写入 BFM；将可编程控制器[S·]的 n 点数据写入特殊单元缓冲存储器(BFM)；m1=0～7，特殊单元模块号；m2=0～31，缓冲存储器(BFM)号码；n=1～32，传送点数	0	0
外部机器 SER	080	RS	S·(D)	m(W4")	D·(D)	n(W4")	串行通信传递；使用功能扩展板进行发送/接收串行数据；发送[S·]m 点数据至[D·]n 点数据；m、n=256		
	081	PRUN	S·(KnM、KnX)(n=1～8)		D·(KnY、KnM)(n=1～8)		八进制位传送；[S·]转换为八进制，传送到[D·]	0	0
	082	ASCI	S·(W4)	D·(W2')		n(W4")	HEX→ASCII 变换；将[S·]内 HEX(十六进制)数据的各位转换成 ASCII 向[D·]的高位 8 位传送；传送的字符数由 n 指定，n 为 1～256		0
	083	HEX	S·(W4')	D·(W2)		n(W4")	ASCII→HEX 变换；将[S·]内高低 8 位的 ASCII(十六进制)数据的各位转换成 ASCII 码向[D·]的高低 8 位传送；传送的字符由 n 指定，n 为 1～256		0

分类	指令编号 FNC	指令助记符	指令格式、操作数(可用软元件)				指令名称及功能简介	D命令	P命令
外部机器 SER	084	CCD	S• (W3')	D• (W1")	n (W4")		检验码；用于通信数据的校验；以[S•]指定的元件为起始的 n 点数据，将其高低 8 位数据的总和校验检查[D•]与[D•]+1 的元件		0
	085	VRRD	S• (W4")		D• (W2)		模拟量输入；将[S•]指定的模拟量设定模板的开关模拟值 0～255 转换为 8 位 BIN 传送到[D•]		0
	086	VRRD	S• (W4")		D• (W2)		模拟量开关设定；将[S•]指定的开关刻度 0～10 转换为 8 位 BIN 传送到[D•]；[S•]为开关号码 0～7		0
	088	PID	S1• (D)	S2• (D)	S3• (D)	D• (D)	PID 回路运算；在[S1•]设定目标值；在[S2•]设定测定当前值；在[S3•]～[S3•]+6 设定控制参数值；执行程序时，运算结果被存入[D•]；[S3•]为 D0～D975		
浮点运算	110	ECMP	S•	S2•	S3•		二进制浮点比较；[S1•]与[S2•]比较→[D•]	0	0
	111	EZCP	S1•	S2•	S•	D•	二进制浮点比较；[S1•]与[S2•]比较→[D•]；[D•]占 3 点，[S1•]<[S2•]	0	0
	118	EBCD	S•	D•			二进制浮点转换十进制浮点；[S•]转换为十进制浮点→[D•]	0	0
	119	EBIN	S•	D•			二进制浮点转换十进制浮点；[S•]转换为二进制浮点→[D•]	0	0

续表十一

分类	指令编号 FNC	指令助记符	指令格式、操作数(可用软元件)					指令名称及功能简介	D命令	P命令
浮点运算	120	EADD	S1•		S2•		D•	二进制浮点加法；[S1•]+[S2•]→[D•]	0	0
	121	ESUB	S1•		S2•		D•	二进制浮点减法；[S1•]−[S2•]→[D•]	0	0
	122	EMUL	S1•		S2•		D•	二进制浮点乘法；[S1•]×[S2•]→[D•]	0	0
	123	EDIV	S1•		S2•		D•	二进制浮点除法；[S1•]÷[S2•]→[D•]	0	0
	127	ESOR	S•				D•	开方；[S•]开方→[D•]	0	0
	129	INT	S•				D•	二进制浮点→BIN 整数转换；[S•]转换 BIN 整数→[D•]	0	0
	130	SIN	S•				D•	浮点 SIN 运算；[S•]角度的正弦→[D•]；0°≤角度<360°	0	0
	131	COS	S•				D•	浮点 COS 运算；[S•]角度的余弦→[D•]；0°≤角度<360°	0	0
	132	TAN	S•				D•	浮点 TAN 运算；[S•]角度的正切→[D•]；0°≤角度<360°	0	0
数据处理	147	SWAP	S•					高低位变换；16 位时，低 8 位与高 8 位交换；32 位时，各个低 8 位与高 8 位交换	0	0
时钟运算	160	TCMP	S1•	S2•	S3•	S•	D•	时钟数据比较；指定时刻[S•]与时钟数据[S1•]时[S2•]分[S3•]秒比较，比较结果在[D•]中显示；[D•]占有 3 点	0	
	161	TZCP	S1•	S2•	S9•		D•	时钟数据区域比较；指定时刻[S•]与时钟数据区域[S1•]～[S2•]比较，比较结果在[D•]中显示；[D•]占有 3 点；[S1•]≤[S2•]		0

分类	指令编号 FNC	指令助记符	指令格式、操作数(可用软元件)			指令名称及功能简介	D命令	P命令
时钟运算	162	TADD	S1•	S2•	D•	时钟数据加法；以[S2•]起始的 3 点时刻数据加上存入[S1•]起始的 3 点时刻数据，其结果存入以[D•]起始的 3 点中		0
	163	TSUB	S1•	S2•	D•	时钟数据减法；以[S1•]起始的 3 点时刻数据加上存入[S2•]起始的 3 点时刻数据，其结果存入以[D•]起始的 3 点中		0
	166	TRD	D•			时钟数据读出；将内藏的实时计算器的数据在[D(•)]占有的 7 点读出		0
	167	TWR	S•			时钟数据写入；将[S•]占有的 7 点数据写入内藏的实时计算器		0
格雷码转换	170	GRY	S•	D•		格雷码转换；将[S•]格雷码转换为二进制值,存入[D•]	0	0
	171	GBIN	S•	D•		格雷码逆转换；将[S•]二进制值转换为格雷码,存入[D•]	0	0
接点比较	224	LD=	S1•	S2•		触点形比较指令；连接母线形接点，当[S1•]=[S2•]时接通	0	
	225	LD>	S1•	S2•		触点形比较指令；连接母线形接点，当[S1•]>[S2•]时接通	0	
	226	LD<	S1•	S2•		触点形比较指令；连接母线形接点，当[S1•]<[S2•]时接通	0	
	228	LD<>	S1•	S2•		触点形比较指令；连接母线形接点，当[S1•]<>[S2•]时接通	0	
	229	LD≤	S1•	S2•		触点形比较指令；连接母线形接点,当[S1•]≤[S2•]时接通	0	

分类	指令编号 FNC	指令助记符	指令格式、操作数(可用软元件)		指令名称及功能简介	D命令	P命令
接点比较	230	LD≥	S1·	S2·	触点形比较指令；连接母线形接点，当[S1·]≥[S2·]时接通	0	
	232	AND=	S1·	S2·	触点形比较指令，串联形接点，当[S1·]=[S2·]时接通	0	
	233	AND>	S1·	S2·	触点形比较指令，串联形接点，当[S1·]>[S2·]时接通	0	
	234	AND<	S1·	S2·	触点形比较指令，串联形接点，当[S1·]<[S2·]时接通	0	
	236	AND<>	S1·	S2·	触点形比较指令，串联形接点，当[S1·]<>[S2·]时接通	0	
	237	AND≤	S1·	S2·	触点形比较指令，串联形接点，当[S1·]≤[S2·]时接通	0	
	238	AND≥	S1·	S2·	触点形比较指令，串联形接点，当[S1·]≥[S2·]时接通	0	
	240	OR=	S1·	S2·	触点形比较指令；并联形接点，当[S1·]=[S2·]时接通	0	
	241	OR>	S1·	S2·	触点形比较指令；并联形接点，当[S1·]>[S2·]时接通	0	
	242	OR<	S1·	S2·	触点形比较指令；并联形接点，当[S1·]<[S2·]时接通	0	
	244	OR<>	S1·	S2·	触点形比较指令；并联形接点，当[S1·]<>[S2·]时接通	0	
	245	OR≤	S1·	S2·	触点形比较指令；并联形接点，当[S1·]≤[S2·]时接通	0	
	246	OR≥	S1·	S2·	触点形比较指令；并联形接点，当[S1·]≥[S2·]时接通	0	

附录 B FX2N 功能技术指标

功能技术指标		说　明	
运算控制方式		存储程序反复运算方式(专用 LSI)，中断命令	
输入/输出控制方式		批处理方式(在执行 END 指令时)，但有输入/输出刷新指令	
运算处理速度	基本指令	0.08 μs 指令	
	应用指令	1.52 μs～数百 μs 指令	
程序语言		继电器符号+步进梯形图方式(可用 SFC 表示)	
程序容量存储器形式		内附 8K 步 RAM，最大为 16K 步(可选 RAM,EPROM EEPROM 存储卡盒)	
指令数	基本、步进指令	基本(顺控)指令 27 个，步进指令 2 个	
	应用指令	128 种 298 个	
输入继电器		X000～X267(八进制编号)，184 点	合计 256 点
输出继电器		Y000～Y267(八进制编号)，184 点	
辅助继电器	一般用	M000～M499，500 点	
	锁存用	M500～M1023，524 点；M1024~M3071，2048 点	合计 2572 点
	特殊用	M8000～M8255，256 点	
状态寄存器	初始化用	S0～S9，10 点	
	一般用	S10～S499，490 点	
	锁存用	S500～S899，400 点	
	报警用	S900～S999，100 点	
定时器	100 ms	T0～T199(0.1～3276.7 s)，200 点	
	10 ms	T200～T245(0.01～327.67 s)，46 点	
	1 ms(积算型)	T246～T249(0.001～32.767 s)，4 点	
	100 ms (积算型)	T250～T255(0.1～32.767 s)，6 点	
	模拟定时器 (内附)	1 点	

续表

功能技术指标			说　明
计数器	增计数	一般用	C0～C99(0～32 767)(16 位)，100 点
		锁存用	C100～C199(0～32 767)(16 位)，100 点
	增/减计数用	一般用	C200～C219(32 位)，20 点
		锁存用	C220～C234(32 位)，15 点
	高速用		C235～255 中有 1 相 60 kHz 2 点，10 kHz 4 点或 2 相 30 kHz 1 点，5 kHz 1 点
数据寄存器	运用数据寄存器	一般用	D0～D199 (16 位)，200 点
		锁存用	D200～D511(16 位)，312 点；D512～D7999(16 位)，7488 点
	特殊用		D8000～D8195(16 位)，196 点
	变址用		V0～V7 及 Z0～Z7(16 位)，16 点
	文件寄存器		通用寄存器的 D1000 以后在 500 个单位设定文件寄存(MAX7000 点)
指针	跳转、调用		P0～P127，128 点
	输入中断、计时中断		10～18，9 点
	基数中断		I01～I06，6 点
	嵌套(主控)		N0～N7，8 点
常数	十进制 K		16 位：−32 768～+32 767；32 位：−2 147 483 648～+2 147 483 647
	十六进制 H		16 位：0～FFFF(H)；32 位：0～FFFFFFFF(H)
SFC 程序			
注释输入			
内附 RUN/STOP 开关			
模拟定时器			FX-8AV-BD(选择)安装时 8 点
程序 RUN 中写入			
时钟功能			内藏
输入滤波器调整			X000～X017，0～60 ms 可变；FX-16 M，X000～X007
恒定扫描			
采样跟踪			
关键字登录			
报警信号器			
脉冲列输出			20 kHz/DC5 V 或 10 kHz/DC12～24 V，1 点

参 考 文 献

[1] 张万忠. 可编程控制器应用技术. 北京：化学工业出版社，2002.

[2] 李俊秀，赵黎明. 可编程控制器应用技术实训指导. 北京：化学工业社，2002.

[3] 常斗南，等. 可编程控制器原理. 应用. 实验. 北京：机械工业出版社，1998.

[4] 余雷声，等. 电气控制与 PLC 应用. 北京：机械工业出版社，1998.

[5] 邱公伟. 可编程控制器网络通信及应用. 北京：清华大学出版社，2000.

[6] 张进秋，等. 可编程控制器原理及应用实例. 北京：机械工业出版社，2004.

[7] 黄云龙，等. 可编程控制器教程. 北京：科学出版社，2003.

[8] 齐从谦，等. PLC 技术及应用. 北京：机械工业出版社，2002.

[9] 王永华. 现代电气及可编程控制技术. 北京：北京航空航天大学出版社，2002.

[10] 陈立定. 电气控制与可编程控制器. 北京：高等教育出版社，2002.

[11] 许江，等. 可编程控制器 PLC 基础应用教程. 北京：中国水利水电出版社，1996.

[12] 王朔中，等. 中国集成电路大全可编程序控制器分册. 北京：国防工业社，1995.

[13] 汪晓光，王艳丹，孙晓瑛. 可编程控制器原理及应用(上). 北京：机械工业出版社，1994.

[14] 汪晓光，王艳丹，孙晓瑛. 可编程控制器原理及应用(下). 北京：机械工业出版社，1995.